Antonia Schwarzkopf

Motivierte Pferde

Cleveres Training

IMPRESSUM

Einbandgestaltung: r2 | Ravenstein, Verden

Titelbild: Christiane Slawik, www.slawik.com
Bildnachweis: Friedericke Bathe: S. 58; Frauke Collee: S. 27 (beide), 28 (beide), 49, 53 oben links, 63 (beide), 75, 79, 85, 89, 94; Debora Herrig: S. 43; Daniel Hofmann: S. 57; Carolin Palik: S. 40 oben links; Iris Patschke: S. 7, 30, 40 oben rechts, 77; Juliane Prasse: S. 9, 10, 36, 39, 42, 68; Charlotte Richter: S. 18, 19, 38 oben rechts, 50, 52 unten links, 70, 83; Katharina Schmidt: S. 15, 20 unten rechts, 26, 34, 82 unten rechts.

Alle übrigen Fotos stammen von Antonia und Matthias Schwarzkopf.

ISBN 978-3-275-02033-1

Postfach 103743, 70032 Stuttgart
Ein Unternehmen der Paul Pietsch Verlage GmbH & Co. KG
Lizenznehmer der Bucheli Verlags AG, Baarerstr. 43, CH-6304 Zug

1. Auflage 2015

Sie finden uns im Internet unter www.mueller-rueschlikon-verlag.de

Lektorat: Claudia König
Innengestaltung: r2 | Ravenstein, Verden
Druck und Bindung: Graspo CZ, 76302 Zlin
Printed in Czech Republic

INHALT

Nicht nur viele Schulpferde, sondern auch (Reit) Pferde von Privathaltern gelten als triebig, schwierig oder zu wenig arbeitsfreudig. Das Buch setzt bei den Pferden an, soll aber durch die Bandbreite der aufgezeigten Ursachen und Verbesserungsmöglichkeiten auch deren Reiter wieder motivieren, aktiver, kreativer und mit mehr Bewusstsein für das eigene Handeln im Umgang mit dem Pferd zu trainieren.
Es gibt diese Pferde und diese schönen Momente, die hoffentlich jeder Reiter bereits erlebt hat: Das Pferd kommt auf Zuruf auf der Weide angelaufen, um uns zu begrüßen. Wir stehen mit dem Halfter in der Hand am Weidetor und sind glücklich. Dass sich unser Freizeitpartner nur für das kleine Stück Karotte, das wir ihm mitgebracht haben, von seiner vertrauten Herde löst und gern mit uns mitkommt, erscheint eher unwahrscheinlich. Es muss also mehr dahinterstecken. Das Pferd verbindet mit unserem Erscheinen offensichtlich eine so positive Erinnerung und Grundstimmung, dass es die anderen Annehmlichkeiten aufgibt, um nun mit uns zu arbeiten. Es ist motiviert, sich den Aufgaben zu stellen, die wir für es vorgesehen haben.

Damit ein Pferd diese Grundmotivation mit auf den Reitplatz nimmt und diese dort auch erhalten werden kann, ist die Berücksichtigung verschiedener Faktoren notwendig, die jedem Reiter bewusst sein sollten: Sein allgemeiner Gesundheitszustand, ein Training, das seinen Bedürfnissen entspricht, auf seine Leistungsfähigkeit und seine Veranlagung, ja auf seinen Charakter und Lerntyp eingeht, das berücksichtigt, wie Pferde überhaupt lernen und was nötig ist, sie sensibel und feinfühlig zu erhalten oder sie wieder empfänglicher für die reiterliche Einwirkung zu machen.
In diesem Buch sollen die Rahmenbedingungen beleuchtet werden, die zu einer fairen und freudigen Zusammenarbeit beitragen.

Meiner wunderbaren Tochter Alma Charlotte – zusammen mit ihr, wurde die Idee für dieses Buch geboren. Besonderer Dank gilt meiner Mutter, auf deren Unterstützung und Rat ich immer bauen kann.

A. Schwarzkopf

Was ist **Motivation?**

Das Wichtigste bei der Arbeit mit jedem Tier ist Motivation. Selbst erfolgreiche Turnierreiter betonen immer wieder, dass das Exterieur – also der Körperbau – eines Pferdes sehr wichtig sei, dass jedoch das Interieur – also der Charakter, sein Arbeitseifer und seine Konzentrationsfähigkeit – mindestens genauso entscheidend seien für reitsportliche Erfolge. Was zu einen Teil durch das Wesen des jeweiligen Pferdes bestimmt wird, ist zum anderen Teil durch sinnvolles Training und Erfolgserlebnisse stark beeinflussbar.

Die Herausforderung Motivation

In dem Wort Motivation, steckt das »Motiv« – der Beweggrund, Antrieb oder Leitgedanke, wie es uns der Duden übersetzt. Das Motiv ist der Ansporn, der uns zu einer Handlung treibt, die dann ein (erhofftes) Ziel, eine Belohnung für uns bereithält. Dafür strengen wir uns an. Und das ist es auch, was wir von unserem Pferd erwarten: Dass es sich für uns und mit uns anstrengt, etwas erreichen will, das auch wir erreichen wollen. Die Kunst liegt also darin, unser Pferd davon zu überzeugen, das zu

wollen, was wir gerade wollen. Nicht mehr und nicht weniger.
Und weil es das wirklich will, was wir uns in den Kopf gesetzt haben, ist es dabei auch noch sehr zufrieden, kooperativ und ein Bild an Kraft und Eleganz.
Doch fühlt sich jedes Lebewesen von anderen Reizen und Aktivitäten angeregt. Beim Reiten müssen also die Bedürfnisse, die Neigungen und Abneigungen, die Auslöser für Motivation aufeinander abgestimmt werden. Darin liegt eine besondere Herausforderung dieses Hobbys, aber für viele Reiter auch überhaupt dessen Reiz: Die Sehnsucht, sich bei der gemeinsamen Arbeit als Einheit fühlen zu dürfen mit einem so kraftvollen, anmutigen und sensitiven Lebewesen wie dem Pferd, ist etwas, das man Nichtreitern schlecht erklären kann.

Eine Studie hat jedoch zu Tage gefördert, dass sich die Motivation des Reiters mitnichten automatisch auf sein Reittier überträgt. Nur weil dieser zufrieden und glücklich eine längere Galoppreprise beendet, bedeutet das nicht, dass sein Pferd diese ebenso genossen oder als Erfolg empfunden hat. Es ist sogar eher erschöpft und müde, sehnt sich nach einer Pause. Auch wenn das Pferd gern als Spiegel der menschlichen Seele bezeichnet und zuweilen für gewagte Thesen einiger Pferdegurus instrumentalisiert wird, so ist und bleibt es doch ein eigenständiges Lebewesen mit eigenen Gefühlen und Bedürfnissen.
Und so ist es logischweise nur dann möglich, mit annähernd gleicher Hingabe gemeinsam zu arbeiten, wenn die pferdespezifischen Bedürfnisse dabei zur Grundlage gemacht werden und nicht diejenigen des Reiters wie selbstverständlich auf das Pferd übertragen werden. Jede Vermenschlichung des Partners Pferd birgt in sich schon das Risiko, ihm nicht gerecht zu werden. Missverständnisse sind dann vorprogrammiert und diese resultieren nicht selten in abnehmender Motivation – und zwar auf beiden Seiten: Der Reiter erwartet etwas von seinem Pferd, das dieses nicht leisten kann oder will. Daraufhin wird jener ungeduldig und frustriert, das Training wird verbissener oder der Reiter verzichtet ganz darauf, sein Pferd zu fordern. Schlussendlich leidet dann aber am meisten sein Pferd. Es wird über- oder unterfordert, resigniert, lehnt sich auf oder verfällt in einen Zustand von Lustlosigkeit und Renitenz.
Sie sehen schon, dass diese Spirale einige Schlüsselstellen aufweist, an denen durchaus etwas zum Guten geändert und »aufgehalten« werden kann. Gehen wir also als Erstes daran, die Bedürfnisse, die (Leistungs)Motive von Pferd und Reiter unter die Lupe zu nehmen und miteinander zu vergleichen:

Das Exterieur eines Pferdes ist nur ein Faktor, der Auskunft über das Potential eines Pferdes gibt. Ebenso entscheidend ist sein Wesen.

Die Sehnsucht danach, sich mit seinem Pferd als Einheit fühlen zu können und die gleichen Ziele anzuvisieren, ist für die meisten Reiter der größte Antrieb.

Menschliche und pferdspezifische Bedürfnisse

Der humanistische Psychologe Maslow hat für den Menschen eine – von sehr positiven Grundannahmen hinsichtlich der menschlichen Natur geprägte – Hierarchisierung der menschlichen Bedürfnisse entwickelt. Ganz basal sind dabei die biologischen Bedürfnisse eines jeden Lebewesens wie dasjenige nach Nahrung und Sauerstoff, aber auch nach Entspannung und Ruhe. Nur wenn diese erfüllt sind, können die nachgeordneten, aber immer noch grundlegenden Bedürfnisse überhaupt aktiv werden: Das Bedürfnis nach Sicherheit und Bindung. Fühlt sich der Mensch wohlernährt, sicher und geborgen, kommt sein Bedürfnis nach Selbstachtung und Anerkennung zur Geltung. Da Menschen intelligente Wesen sind, brauchen sie außerdem kognitive Herausforderungen. Sie möchten die Welt erforschen, verstehen, etwas über sie wissen und Neues entdecken. Auch ästhetische Bedürfnisse und der Wunsch, sich selbst zu verwirklichen, sind dem Menschen wichtig und werden in unserer modernen Gesellschaft immer bedeutender. Ganz an der Spitze der Maslowschen Bedürfnispyramide finden wir eine Stufe, die man am ehesten als den Wunsch nach dem Gefühl völligen Einklangs mit sich und seiner Umwelt beschreiben könnte. Nur wenige Menschen erreichen einen solchen Zustand absoluter Selbstverwirklichung und auch Selbstakzeptanz. Aber sicher streben die meisten danach. Und das Pferd wird nicht selten als Medium betrachtet, durch das man sich diesem transzendentalen Bewusstseinszustand womöglich näher zu fühlen glaubt. Doch genauso wenig, wie ein anderer Mensch für unser eigenes Glück verantwortlich gemacht werden kann, kann dies ein anderes Lebewesen, sei es nun ein Pferd oder ein anderes Tier. In Tiere hineinprojizierte Erwartungen, Wünsche und Bedürfnisse sind schlichtweg falsch verstandene Tierliebe! Partnerschaften können an diesem Dilemma, die Erfüllung im Anderen zu suchen, zerbrechen. Ein Tier ist auf unseren Schutz und unsere Fürsorge angewiesen und kann sich nicht einfach trennen ...

Schauen wir uns also an, was das Pferd wahrscheinlich vom Leben erwartet. Wir können davon ausgehen, dass die biologischen Bedürfnisse und das (gerade beim Fluchttier Pferd sehr starke) Bedürfnis nach Sicherheit und den Schutz einer Herde grundlegend sind. Ein Pferd, das Angst hat, sich isoliert fühlt, vereinsamt oder unterernährt ist, kann nichts lernen. Sein gesamtes Verhaltens- und Handlungsmuster ist darauf ausgerichtet, zunächst diese Bedürfnisse zu stillen.

Ab diesem Punkt der Bedürfnispyramide wird es dann etwas schwammiger. Ja, auch das Ego

Pferde teilen Glücksmomente mit uns, aber viele unserer Motive sind ihnen völlig fremd.

scheint bei Pferden eine gewisse Rolle zu spielen. Studien und die Erfahrungen vieler professioneller Ausbilder zeigen, dass das Selbstwertgefühl eines Pferdes mit erfolgreicher Arbeit steigt. Es wurde sogar beobachtet, dass Pferde, die intensiv und mit der nötigen Leistungssteigerung gearbeitet wurden, in der Rangordnung ihrer Herde aufstiegen. Das Gefühl »kompetent« zu sein, tut also auch Pferden gut. Das Gefühl nach Prestige und Aufmerksamkeit sowie Anerkennung durch Andere dagegen ist an dieser Stelle ein rein menschliches Sehnen. Und es ist einer der Gründe, warum Menschen zu Reitern werden. Dem Pferd ist das Streben nach Turnierschleifen und Beifall jedoch vollkommen fremd. Niemals würde es sich dafür verausgaben oder könnte nachvollziehen, was den Menschen antreibt, der darauf hinarbeitet.

Auch die kognitiven Bedürfnisse müssen differenziert betrachtet werden. Dass Pferde als intelligente Lebewesen geistig gefordert und gefördert werden müssen, um nicht zu verkümmern, ist eine Tatsache. Unterforderte Pferde leiden nicht weniger als ihre überforderten Artgenossen!

Pferde können durchaus richtige Verhaltensstörungen entwickeln, wenn ihnen nichts abverlangt wird. Denn auch in der freien Wildbahn ist ihr Überleben nur gesichert, wenn sie sich taktisch klug verhalten und den Weg zu wichtigen Ressourcen (wieder)finden. Während sich der Mensch also Sinnfragen stellt, ist dem Pferd schon geholfen, wenn es eine kniffelige Aufgabe lösen und beispielsweise ein Leckerli unter einem umgestülpten Eimer suchen und finden darf.

Und dann klinkt sich unser Pferd auch schon aus unserer Bedürfnispyramide aus. Es sucht keine Selbstverwirklichung, hat kein Kontrollbedürfnis, möchte sich keinen Namen in dieser Welt machen. Vielleicht wäre es ratsam, diese Eigenschaft von Pferden ab und zu auch als Mensch auf sich wirken zu lassen. Vielleicht wäre dann Vieles entspannter.

Das Geheimnis: Bedürfnisse wecken und umlenken

Wir sehen auch: Es geht immer um Bedürfnisstillung. Schaffen wir es, im Training beim Pferd genau die Bedürfnisse zu wecken, deren Erfüllung wir gerade wollen? Schwerlich. Uns

Die Leistungsbereitschaft und Intelligenz eines Pferdes (und eines Ponys!) ist viel zu schade, um als Rasenmäher, »Beistellpferd« oder Objekt für Dekorations- und Fürsorgephantasien vergeudet zu werden.

Die Bedürfnishierarchie von Mensch und Pferd

Die Hierarchie der Bedürfnisse nach dem Modell von Maslow (Vgl. Zimbardo, Psychologie, Berlin/Heidelberg 1999, S. 324f.)

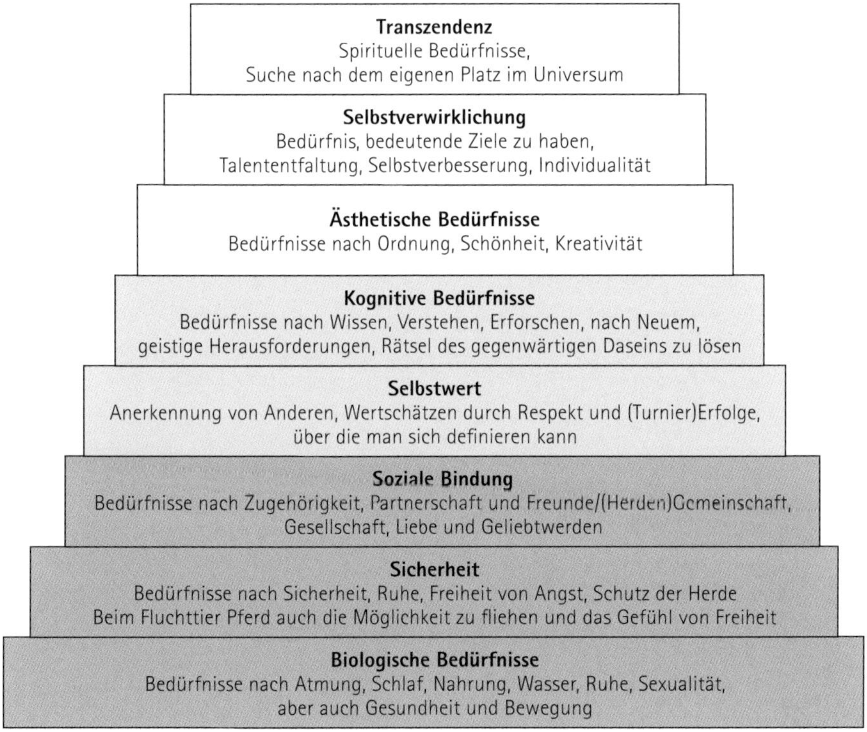

An der Basis der Bedürfnishierarchie folgen Mensch und Tier noch weitgehend den gleichen Grundbedürfnissen. Doch bleiben die Motive der Pferde viel basaler und gänzlich im jeweiligen Augenblick verankert.

bleibt die Möglichkeit, ein Grundbedürfnis des Pferdes zu wecken und in unserem Sinne umzulenken. Erkennen Sie in einem Moment, was gerade das stärkste vorhandene Bedürfnis ist, so können Sie dies für sich nutzen.

Hat Ihr Pferd beispielsweise gerade einen ausgeprägten Bewegungsdrang, so ist es an Ihnen, das zu erkennen und nicht als Ungehorsam zu deuten und abzustrafen. Stattdessen sollten Sie ihm nun ein adäquates Bewegungsprogramm bieten und es motivieren, seine Bewegungsfreude in Springfreude oder Lauffreude vor der Kutsche »umzuwandeln«.

Maßstab unseres Handelns sind dabei klare Ziele. Je kleiner die Ziele, desto leichter sind sie zu erreichen. Und wenn es soweit ist, man ein

Ziel erreicht, ein Bedürfnis befriedigt hat, ist man zufrieden. Sowohl den Zustand, in dem wir uns befinden, wenn wir etwas unbedingt erreichen möchten, als auch jene Freude, wenn wir etwas erreicht haben, nennt man in der Psychologie Motivation. Nur wenn wir nicht durch Scheitern entmutigt und frustriert, sondern durch ein Erfolgserlebnis bestärkt werden, können wir daraus genug Kraft und Willen, genug Motivation schöpfen für neue, vielleicht schwierigere Ziele. Hier können wir durchaus unsere »menschlichen Maßstäbe« anlegen, denn unserem Pferd geht es genauso!
Natürlich gehen wir davon aus, dass nur ein Pferd, das freudig und motiviert mit uns zusammenarbeitet, auch wirklich auf gesunde Weise geritten und ein echter Partner werden kann. Doch das Pferd ist von Natur aus eher defensiv und vermeidend veranlagt, weshalb es leider auch mit Druck und Zwang zu manchmal erstaunlichen Leistungen getrieben werden kann. Resignation und erlernte Hilflosigkeit werden dann verwechselt mit kooperativem Verhalten.

Es ist also eine Gratwanderung, bei der viele Faktoren eine Rolle spielen – nicht nur das, was unmittelbar unter dem Sattel geschieht – bei der Suche nach einem motivierten und partnerschaftlichen Miteinander. Dabei sollen die Erläuterungen, Gedanken und Anregungen in diesem Buch helfen.

Verschiedene Aspekte greifen dabei immer wieder ineinander und können nur bedingt getrennt voneinander betrachtet werden.

Pferde lesen zu können, bedeutet also den ersten Schritt dahin, sie auch von unserer Sache überzeugen zu können.

Die schiere Lust, sich zu bewegen, bringt jedes gesunde Pferd von Anfang an mit.
Es ist Aufgabe des Reiters, die Grundmotivation eines jeden Pferdes bei der Arbeit zu erhalten.

Sie alle müssen schließlich in das eigene Trainingskonzept einfließen und bei auftretenden Schwierigkeiten wieder überprüft werden.

Kurz gefasst: Wann ist ein Pferd motiviert?

1. Erst wenn alle essentiellen Bedürfnisse eines Lebewesens, wie das Bedürfnis nach Nahrung, Wasser, Licht und Luft, Ruhe, Entspannung, Sicherheit, Bindung etc., gestillt sind, kann es sich überhaupt anspruchsvolleren kognitiven und körperlichen Leistungen widmen. Hat ein Pferd also beispielsweise Angst, Schmerzen oder fühlt sich isoliert, kann es nicht durchlässig auf reiterliche Hilfen reagieren.

2. Jedoch stellen unbefriedigte Bedürfnisse auch den Ursprung jedweder Leistungsbereitschaft dar. Es liegt also in der Verantwortung des Reiters, Bedürfnisse zu wecken, die in seinem Sinne sind, und diese dann zu nutzen, beziehungsweise darauf umzulenken, was er von seinem Pferd gerade möchte.

3. Pferden sind Ruhm, Anerkennung, Selbstverwirklichung und transzendentale Übereinstimmung mit einem anderen Lebewesen als Ansporn für Leistung fremd. Das sind rein menschliche Motive, die das Pferd nicht mit uns teilen kann! Einen vermenschlichenden Blick auf sein Pferd zu werfen, birgt daher die Gefahr, seinen Bedürfnissen nicht gerecht zu werden.

Günstige **Rahmenbedingungen** schaffen

Nur ein gesundes Pferd, ist ein motiviertes Pferd

Es war mein Hufschmied, der mir bei einem unserer Termine einen wichtigen Satz sagte: Am meisten werden bei den Pferden, die er täglich so zu Gesicht bekommt, das Fell und die Langhaare gepflegt, dabei sind es Hufe und Lunge, die gepflegt werden müssten. Die Hufe, das leuchtet gerade noch ein, aber wie bitte pflegt man die Lunge? Natürlich ist sie es, die zusammen mit einem starken Herzen, Leistungen ermöglicht. Man kann sie nur durch eine artgerechte Haltung schützen und pflegen, die frische Luft und Bewegung ermöglicht. Das Gros der Atemwegsbeschwerden ist auf unzulängliche Haltungsbedingungen zurückzuführen, denen das Pferd den Großteil des Tages ausgesetzt ist – unterbrochen meist nur durch eine kurze Arbeitsphase, in denen wir dann erwarten, dass die Lungen Höchstleistungen erbringen.

Artgerechte Haltungsbedingungen

Für alle Pferde gilt eine naturnahe Haltungsform als ideal. Das bedeutet täglich freier Zugang zu einer Weide oder mindestens zu einem Auslauf. Das Leben in einer, in vielen Reitställen üblichen, Box ohne Weidegang kommt für Sie als verantwortungsbewussten Pferdebesitzer hoffentlich gar nicht erst in Betracht. Frische Luft und freie Bewegung, statt ausschließlich unter dem Reiter und ungünstigstenfalls nur unter Leistungsdruck bewegt zu werden, sind wichtige Maßnahmen zur Gesunderhaltung von Körper und Seele eines jeden Pferdes. Verschleißerscheinungen und Verspannungen, die sich natürlich negativ auf die Leistungsfähigkeit und -bereitschaft auswirken, kann vorgebeugt werden: Kreislauf und Durchblutung und damit der gesamte Stoffwechsel werden durch den regelmäßigen Zugang zur Weide angeregt und dadurch die Sehnen und Bänder, der Verdauungsapparat und das Immunsystem gestärkt.

Nur ein gesundes Pferd kann auch leistungsbereit sein – und das bis ins hohe Alter. Haflingermix Alf.

Die Grundbedürfnisse, die mit dem regelmäßigen »Ausgang« befriedigt werden, sind Licht, Bewegung und der Kontakt zu Artgenossen.

Eine Stunde Arbeit täglich kann nicht ersetzen, was ein Pferd in der Regel tagsüber allein während des Grasens zurücklegt: Täglich kommt ein Pferd dabei auf einer genügend großen Fläche auf sechs bis zehn Kilometer zurückgelegter Strecke! Sein Bewegungstrieb ist genetisch fixiert und zu wenig Auslauf kann Zwanghufe, Gelenkerkrankungen, Stoffwechselstörungen und Verhaltensauffälligkeiten verursachen. Zudem sind die mannigfaltigen Sinnesreize der Außenwelt für seine physische und psychische Gesunderhaltung essentiell.

Viele Boxenpferde leiden über den Winter an Hustenkrankheiten, die auf mangelnde Frischluft hinweisen. Die Folge sind Erschöpfungserscheinungen und ein Absinken der Leistungsfähigkeit. Mit einem Pferd, das nach kurzer Zeit völlig verschwitzt ist, weil seine Lungen nicht voll funktionstüchtig arbeiten, kann nur leicht und mit besonderer Rücksichtnahme gearbeitet werden. Überanstrengung kann nicht selten zu schwerwiegenden und sogar chronischen Atmenproblemen führen.
Gönnen Sie Ihrem Pferd mit dem Weidegang auch den Kontakt zu Artgenossen. Für das seelische Gleichgewicht und Wohlbefinden ist es für das Herdentier Pferd unerträglich, allein zu sein. Auch wenn Sie viel Zeit mit Ihrem Pferd verbringen, ist es doch noch mindestens 20 Stunden eines Tages allein – ohne Sozialkontakte und ohne Gesellschaft. Das kann gar nicht tiergerecht sein.

Einige wenige Reiter, deren Pferde bis in die höchsten Klassen im Turniersport ihr Können zeigen, gehen bereits mit gutem Beispiel voran und wissen um die Vorzüge einer Haltung, die nicht nur auf 3 x 3 Meter beschränkt wird. Es bleibt zu hoffen, dass der Trend anhält und immer mehr Reiter ihr Wissen um die Natur des Pferdes und seine Bedürfnisse in ihre Überlegungen zu dem, was sie mit ihrem Pferd gern erreichen würden, einbeziehen.

Den Gesundheitszustand im Blick behalten

Neben dieser artgerechten Haltung sollten Sie natürlich auch die regelmäßige Kontrolle des allgemeinen Gesundheitszustandes in den Blick nehmen. Dazu gehört mindestens zweimal jährlich eine Kotprobenuntersuchung über einen möglichen Wurmbefall. Aufgrund dieser Ergebnisse kann dann eine Wurmkur gezielt gegeben werden, so sie sich als nötig erweist. Einmal im Jahr muss gegen die schwer nachweisbaren Bandwürmer und nach dem ersten Frost – also meist im Dezember – gegen Dasselfliegenlarven entwurmt werden.
Sinnvoll und in den meisten Reitställen zunehmend üblich ist eine Kontrolle der Zähne alle ein bis zwei Jahre. Es hat sich herausgestellt, dass viele Verspannungen und Rittigkeitsprobleme mit der Zahngesundheit eines Pferdes zu tun haben. Die Zähne nutzen sich mitunter so unterschiedlich ab, dass sich scharfe Kanten und Spitzen bilden, die dann schmerzhaft ins Gewebe des Maulinnenraums eindringen oder andere Zähne so in Mitleidenschaft ziehen, dass sie nicht mehr gerade aufeinandergelegt und somit auch das Futter schlechter zermahlen können.

Gesunde Atemwege können nur durch die tägliche frische Luft, nicht durch einen stickigen und staubigen Strohmattenstall erhalten werden.

Haben Sie schon einen Check durch einen Pferdeosteopathen machen lassen? Er kann mögliche Blockaden und Verspannungen aufspüren, sie durch sanften Druck lösen und somit wieder zu mehr Gleichgewicht im Pferdekörper verhelfen. Die Wohltat kann ebenfalls erstaunlich großen Einfluss auf die Rittigkeit und Leistungsfreude eines Pferdes haben und jedes Jahr ein Mal in Angriff genommen werden. Triebigkeit beispielsweise kann auf massiven Muskelverspannungen beruhen – nicht in der Rückenmuskulatur, wie neue Erkenntnisse zeigen, sondern in den Bauchmuskeln und einigen Stresspunkten im Bereich der Lendenmuskulatur. Durch vermehrtes Treiben im Bereich der Bauchmuskeln werden die so entstehenden Schmerzen bei jedem Schritt noch verstärkt. Ein deutliches Zeichen für weit fortgeschrittene Verspannungen ist, dass sich das Pferd am Bauch und im Lendenbereich nicht berühren lassen möchte. Viel Leid und Missverständnisse könnten Pferden erspart werden, wenn spätestens dann ein seriöser Osteopath oder Pferdephysiotherapeut einbezogen wird. Insgesamt ist es natürlich wichtig, dass Sie als Pferdebesitzer einen Blick für den Gesundheitszustand Ihres Schützlings haben und entwickeln, so dass mögliche Schmerzen und körperliche Probleme als Ursache für »Motivationsprobleme« ausgeschlossen werden können.

Auch die Zahngesundheit ist wichtig für erfolgreiches Reiten.

Kurz gefasst:
Welche Rahmenbedingungen halten Pferde leistungsbereit?

1. Licht, Luft, Artgenossen – das sind die Grundbedürfnisse eines Pferdes, die oft nicht vollumfänglich beachtet werden bei der Pferdehaltung. Sie sind für die Motivation Ihres Tieres aber grundlegende Faktoren.

2. Dass regelmäßiger Weidegang ein Hemmnis für motiviertes Mitarbeiten unter dem Sattel sein könnte, ist eine Mär. Ein physisch und psychisch gesundes Pferd wird sich gern und leichter als ein kranker Artgenosse auf die abwechslungsreiche (!) Arbeit mit dem Trainer einlassen.

3. Verspannungen, Zahnprobleme und andere körperliche Leiden sollten als Motivationsbarrieren durch regelmäßige Kontrollen ausgeschlossen werden.

Die richtig abgestimmte Fütterung

Der erwähnten Aussage meines Hufschmieds würde ich noch den Darm hinzufügen. Er ist die Schaltzentrale des Immunsystems, und Wohlstandskrankheiten, wie Hufrehe oder Cushing, und Leistungsschwächen sind auf eine ungünstige Fütterung zurückzuführen. Denn selbstverständlich entscheidet das, was ein Pferd zu sich nimmt, auch mit darüber, wie es sich fühlt und was wir am Ende wieder »aus ihm herausholen« können. Sie kennen das sicher von sich selbst: Mit einer vitalen Ernährung fühlt man sich auch als Mensch gleich fitter und den Anforderungen des Alltags viel eher gewachsen, als nach einer ausdauernden »Fast-Food-Diät« – dazu gibt es

Ein Pferd, das sich im eigenen Körper wohlfühlen kann und darf, kann auch konzentriert arbeiten und sich auf die Kommunikation mit seinem Trainer voll einlassen.

interessante Studien und verblüffende Selbsttests. Ihrem Pferd geht es da nicht anders.

Grundnahrungsmittel Gras

Das wichtigste Futtermittel für alle Pferde ist Gras. Ob als frisch gerupfte Stängel auf der Weide, als frische Mahd oder als Heu: Gras muss die Basis jeder Pferdefütterung darstellen. Leider ist bei Ponys und einigen leichtfuttrigen Robustrassen die Grenze zum energetisch Nötigen recht bald überschritten. Überfütterung ist nicht nur ein ästhetisches Problem, sondern hat ernsthafte Auswirkungen auf den Leistungs- und Gesundheitszustand eines jeden Lebewesens.
Im Falle einer Neigung zu Übergewicht sollten Sie über eine Regulierung der Futterzufuhr nachdenken. Dazu stehen verschiedene Möglichkeiten offen. Eine zeitliche Begrenzung der Weidezeit kommt natürlich immer in Betracht. Allerdings darf die Zeit des Tages, die Ihr Pferd dann nicht auf der Weide steht, keine Tortur sein. Sorgen Sie für einen Auslauf, in dem es weiterhin Kontakt zu Artgenossen hat und nicht isoliert wird! Dies würde einen unverhältnismäßig großen psychischen Stress für das Herdentier Pferd bedeuten. Und stellen Sie dennoch Raufutter, am besten Heu, zur steten Verfügung bereit. Stroh wegen möglicher Verdauungsstörungen bitte nur in geringen Mengen! Das hilft gegen Langeweile, aber auch gegen Irritationen des Verdauungsapparats. Für das Sättigungsgefühl eines Pferdes ist die regelmäßige Aufnahme von kleinen Futtermengen an sich Teil des Sättigungsgefühls. Eine große Portion Heu macht ein Pferd nur für kurze Zeit satt.

Der Verdauungsapparat ist die Zentrale des Immunsystems und Wohlbefindens. Er muss intakt sein und durch artgerechtes Futter gepflegt werden. Raufutter leistet dazu einen unentbehrlichen Beitrag.

Und was darf es sonst noch sein?

Mineralien und Spurenelemente sind in der Regel ausreichend vorhanden, wenn Sie ein sinnvoll abgestimmtes Mineralfutter verfüttern. Dennoch gibt es einige Mikronährstoffe, bei denen es zu Mangelerscheinungen kommen kann. Dazu zählen Zink und Selen. Das liegt an den heimischen Böden. Sicherheit gibt da aber nur ein Bluttest. Besonders gern wird im Fellwechsel Zusatzfutter verabreicht. Pferde sind dann meist etwas geschwächt, weil die Produktion von Winterplüsch den Organismus beansprucht und sie natürlich schneller schwitzen. Der Pferdekörper benötigt vermehrt Eiweiß und Energie, Spurenelemente wie Zink, Kupfer und Selen sowie essentielle Fettsäuren. Eine Zufütterung von speziellen Ergänzungsfuttermitteln oder Ölen sollte aber nur in Absprache mit dem Tierarzt erfolgen. Ein Zuviel an Mineralstoffen ist ebenso schädlich wie eine Unterversorgung.

Unschlagbarer Energie- und Mineralstofflieferant ist und bleibt Hafer. Auch wenn uns viele Futtermittelhersteller glauben machen wollen, dass Robustrassen lieber darauf verzichten sollten, so ist doch gerade jenes Getreide, das dann als Ersatz in den Papiersäcken verpackt wird, schwer verdaulich und ernährungsphysiologisch bedenklich:
Dass Hafer tatsächlich eine »elektrisierende« Wirkung auf Pferde hat, ist nicht wissenschaftlich nachgewiesen. Im Gegenteil enthält das gesunde Korn viele Nährstoffe sowie einen hohen Gehalt an ungesättigten Fettsäuren und Schleimstoffen. Die Verdaulichkeit der Haferstärke ist außerdem sehr gut und damit auch die Verwertbarkeit der in den Stärkemolekülen enthaltenen Energie.
Gerste ist weniger geeignet für die Pferdfütterung. Sie zeichnet sich durch einen relativ hohen Eiweißgehalt aus und ist energiereicher als Hafer. Außerdem ist die Stärke der Gerste schwerer verdaulich. Der Darm wird stark belastet, was vielleicht der Grund dafür ist, warum man der Gerste nachsagt, Pferde ruhiger zu machen als Hafer. Je länger sich Futter

Maulkörbe zur Regulierung der Futtermenge sollten nur stundenweise angelegt werden.

Für eine gesunde Verdauung ist auch im Sommer Raufutter nötig. Das gilt vor allem für Pferde, die zu Verdauungsstörungen (Durchfall und Koliken) oder Stoffwechselstörungen (Hufrehe) neigen.

allerdings im Darmtrakt aufhält, desto höher ist das Risiko von Fehlgärungen.
Mais hat ebenfalls einen hohen Energiegehalt (Stärke und Fett), ist rohfaserarm und schwer verdaulich. Er darf nur in geringen Mengen verfüttert werden und kann überhaupt nur richtig verdaut werden, wenn er als wärmebehandelte Flocken oder gepoppt verfüttert wird. Diese Dickmacher haben in der Futterkrippe eines leichtfuttrigen Pferdes oder Ponys nichts zu suchen, stehen aber bei den meisten eiweißreduzierten oder haferfreien Müslis ganz oben auf der Ingredienzenliste. Schauen Sie daher genau auf die Zusammenstellung. Auch der Mais verbleibt durch seine schwere Verdaulichkeit lang im Darmtrakt des Pferdes.
Hilfreich sind so genannte Rationsschecks, die Sie telefonisch oder im Internet bei verschiedenen Futtermittelherstellern machen können.

Nach dem Fressen braucht Ihr Pferd eine kurze Ruhepause. Im Allgemeinen bedeutet das, dass nach der Kraftfutterration mindestens eine Stunde, nach einer größeren Heuportion eine halbe Stunde Zeit vergangen sein sollte, ehe das Pferd an die Arbeit geht. Mit einer ausgiebigen Runde Putzen nach dem Morgenheu beispielsweise ist man also auf der sicheren Seite.

Kurz gefasst: Wie kann die Fütterung die Motivation positiv beeinflussen?

1. Steht immer genügend Raufutter zur Verfügung, ist ein Pferd zufrieden und Verdauungsbeschwerden können minimiert werden. Fühlt sich das Pferd wohl, arbeitet es auch gern.

2. Zu wenig Kraftfutter kann sich ebenso wie ein Zuviel negativ auf die Arbeitsfreude auswirken. Einen gewissen Grundbedarf an energetisch hochwertigem Futter wie Hafer hat jedes Pferd, auch leichtfuttrige Rassen (!), von dem Leistungen erwartet werden.

Saftfutter als winterliches Zufutter liefert wichtige sekundäre Pflanzenstoffe und Vitamine in einer hohen biologischen Verfügbarkeit.

3. Vorsicht ist bei haferfreien Müslis geboten: Sie verweilen oft zu lange im Darmtrakt, was diesem nicht zuträglich ist, und enthalten zum Teil schwer verdauliche Zutaten.

Die Verantwortung des Pferdebesitzers

Festzuhalten bleibt, dass Sie als Pferdebesitzer an zwei Dingen nicht sparen dürfen: an Geld und Praxiswissen. Vielmehr sollte sich jeder Reiter, Trainer und Pferdebesitzer in allen möglichen Bereichen rund um das Pferd gut auskennen. Extensive Lektüre, der Besuch von Kursen, die Einbeziehung von Stallbetreibern, Hufschmieden, Tierärzten und Reitern, am besten auch von Reitlehrern mit viel Erfahrung, bilden Sie weiter.

Das Wohl des Pferdes kommt letztendlich auch dem eigenen Geldbeutel zu Gute, da es häufig der Tierarzt oder Hufschmied ist, der mangelnde Kenntnisse und daraus resultierende Probleme und Krankheiten »reparieren« muss. In diesem kleinen Überblick fehlt der Platz, um auf die einzelnen Punkte noch genauer einzugehen. Es macht auch wesentlich mehr Sinn, sich über die jeweiligen Bereiche in einem spezifischen Fachbuch zu informieren. Daher möchte ich Ihnen hier als »Starthilfe« für eventuell zu füllende Wissenslücken eine kurze Übersicht bieten, wo Sie sich als Reiter und Pferdebesitzer auskennen sollten.

Natürlich sollten Pferde jederzeit trinken können. Wasser sichert die Verfügbarkeit der durch das Futter aufgenommenen Nährstoffe.

Kenntnisse, die jeder verantwortungsbewusste Reiter und Pferdebesitzer mitbringen oder sich im Laufe der Zeit zum Wohle seines Pferdes aneignen sollte:

1. Pferdehaltung

Vor- und Nachteile der jeweiligen Haltungsform sowie grundsätzliches Wissen zur Stallhygiene.

2. Fütterung und Verdauungsapparat

Funktionsweise des Verdauungsapparats und den daraus resultierenden Richtlinien für die Pferdefütterung.

3. Pflege

Sinnvolle Pflege von Fell, Augen, Ohren, Nüstern, After und Langhaar – Fragen nach Sinn, Nutzen, Häufigkeit und Umsetzung.

4. Hufgesundheit

Tägliche Pflege durch den Besitzer, Sinn und Unsinn von Hufpflegeprodukten und gezielter Zufütterung, Auswirkung der Haltung auf die Hufe und ihre Pflege, Einhaltung regelmäßiger Bearbeitungsintervalle durch den Hufschmied, Möglichkeiten der Unterstützung des Hufschmiedes durch Eigeninitiative, Wissen zu möglichen Problemen und Hufkrankheiten.

5. Gesundheitsvorsorge

Sowohl die Basisversorgung durch Wurmkuren, Zahnkontrollen, Impfungen und ihre Wirkung, als auch die Notfallversorgung bei Unfällen, Verletzungen und Krankheiten.

5. Anatomie und Biomechanik

Zusammenwirken der im Körper wirkenden Kräfte und der Einfluss des Reiters beziehungsweise des täglichen Trainings auf die Funktions-

Ein breites Fachwissen ist notwendig, um seinem Partner Pferd tatsächlich gerecht zu werden und ihm Leistungen abverlangen zu können.

fähigkeit und Gesunderhaltung des Pferdekörpers, Beurteilung der Eignung und Eignungsgrenzen aufgrund anatomischer Gegebenheiten, Möglichkeit von osteopathischen Behandlungen, Funktion von Sehnen, Bändern und Gelenken und deren schonender Nutzung durch den Reiter/Fahrer, Funktion und pferdeschonender Aufbau der Muskulatur.

6. Entwicklung des Pferdes vom Fohlen zum Oldie

Wissen darüber, was ein Pferd wann leisten kann, braucht und lernen sollte, damit jede Form von körperlicher und psychischer Überforderung und körperlichen Verschleißes vermieden werden kann.

7. Pferdesprache

Die Körpersprache des Pferdes und das Reflektieren über die eigene Körpersprache als wichtigstes Kommunikationsmittel zwischen Mensch und Pferd. Stichwort: Führungskraft des Reiters.

8. Lerntheorie

Wie lernen Pferde und was brauchen Sie, um überhaupt begreifen zu können, was wir von ihnen wollen? Wissen über vermeidbare Fehler und Umwege auf dem Weg zum gut ausgebildeten Pferd und lernwilligen Partner.

9. Grunderziehung

Die guten Manieren, die jedes Pferd haben sollte, und für deren Erarbeitung Sie verantwortlich sind, damit der tägliche Umgang nicht zum gefährlichen oder nervenaufreibenden Dauerkampf wird und Sie sich auf das konzentrieren können, was sie eigentlich mit Ihrem Pferd erreichen und erleben möchten.

10. Die Ausbildungsskala der FN / EWU

Zu wissen, was genau sich hinter den einzelnen Begriffen der Skala verbirgt, ist nicht nur wichtig, um Pferde optimal zu fördern, sondern ebenfalls wieder, um Überforderungen, Rückenprobleme und Muskelverspannungen, die zum Beispiel aus falsch verstandener Versammlung resultieren, zu vermeiden.

11. Reitlehre

Ein zügelunabhängiger und ausbalancierter Sitz als Grundlage für feine Hilfegebung und Einwirkung des Reiters, die richtige Umsetzung von Paraden, die korrekte Ausführung von Lektionen etc. tragen zum Wohle des Pferdes bei und sollten von einem einfühlsamen und gut geschulten Reitlehrer vermittelt und immer wieder überprüft werden.

11. Ausrüstung

Auswahl und Anpassung von Sattel, Zäumung und anderem Zubehör, je nach Wirkung, Nutzung, Ausbildungsstand und -ziel.

Clevere **Trainingsgestaltung**

Typgerechtes Arbeiten

Lerntypen bei Pferden?!

Ich möchte mich hier an einem kleinen Modell zur Systematisierung verschiedener Lerntypen, wie sie bei Pferden vorkommen können, versuchen. Dabei geht es nicht um eine starre Kategorisierung und »Schubladenphilosophie«, sondern vielmehr um die Bewusstmachung von charakterlichen Unterschieden und Voraussetzungen, die jedes Pferd unweigerlich mit ins Training einbringt. Wie jedes Modell, so kann auch dieses hier die vielschichtige Wirklichkeit nur schematisch abbilden. Es gibt regelrechte »Blitzmerker« und solche, die eher langsam lernen, sensible Typen und diejenigen, die eher als »büffelig« bezeichnet werden sowie defensive und offensive Grundcharaktere. Die einzelnen Phänomene sind bei jedem Pferd in einer ganz individuellen Mischung ausgeprägt: So ist ein sensibles Pferd nicht automatisch auch defensiv veranlagt. Langsamlerner sind nicht unbedingt stoisch und können genauso interessiert und offensiv an neue Lektionen und Übungen herangehen wie übereifrig wirkende Pferde. Und Pferde können durchaus auf den ersten Blick faul und desinteressiert wirken, ohne dass das ihrem Naturell entspräche – einfach deshalb, weil sie das Training in keiner Weise anspricht oder auf ihren Lernrhythmus abgestimmt ist. Fragen wir uns also noch vor der Trainingsplanung: Wie viel Abwechslung hat für welchen Pferdetyp Sinn? Wie unterscheide ich die Herangehensweise im Training bei Langsamlernern und

Neugier ist ein wichtiges Indiz für die Intelligenz eines Pferdes.

Blitzmerkern? Welches Pferd mag es lieber rasant, welches braucht vor allem Ruhe im Training? Wie gehe ich richtig auf »Sensibelchen« und »Büffel« ein? Motivation entsteht durch ein Training, das auf die individuellen Bedürfnisse jedes Pferdes Rücksicht zu nehmen weiß!

1. Blitzmerker und Langsamlerner

Es gibt Pferde, die ausgesprochen schnell verstehen, was von ihnen erwartet wird. Das mag auf den ersten Blick zu einer überaus erfreulichen Trainingsatmosphäre beitragen, aber nur, wenn man mit dieser Qualität behutsam umgeht. Schnell werden solche Pferde übereifrig. Doch dann geht die Konzentration verloren und der Lerneffekt bleibt aus. Blitzmerker sollten Sie ausdrücklich nur dann loben, wenn sie die gewünschte Reaktion auf Ihr Kommando hin in für ihren Ausbildungsstand sehr guter Manier zeigen. Sonst nehmen diese Pferde Übungen gern vorweg und bieten sie bei jeder Gelegenheit an. Manchmal muss auch das lobende Wort, eine Krauleinheit oder eine kurze Verschnaufpause als Lob ausreichen. Gerade bei der Bodenarbeit und bei den zirzensischen Lektionen sind Leckerlis zum Erlernen einer neuen Lektion zwar praktisch unersetzlich, um die Motivation in die richtige Richtung zu lenken. Doch in anderen Situationen, wie beim Reiten, Fahren oder der Arbeit am Langzügel, ist es eher störend, mit Leckerchen zu unterbrechen.

Fragen Sie bereits Gelerntes bewusst am Anfang einer Stunde ab, um mit einem Erfolgserlebnis zu starten. Bei schnellen Lernern kann es dagegen vorteilhaft sein, mit etwas Schwierigem oder Neuen zu beginnen, weil die Konzentration am Anfang der Trainingseinheit potentiell am höchsten ist. Langweilen Sie Ihr Pferd dagegen zu lange mit Bekanntem, kann die Lust auf Neues verfliegen. Das richtige Vorgehen diesbezüglich abzuwägen, ist allerdings jeden Tag aufs Neue die Aufgabe und Kompetenz des Trainers und wird die Erfahrung zeigen.
Ganz wichtig sind Pausen: Für Blitzmerker, um wieder zu Ruhe und Konzentration zu finden. Für diejenigen, die etwas länger brauchen zu verstehen, sind sie notwendige Verarbeitungszeit. Außerdem werden Pferde, die schnell kapieren, gern etwas hektisch bei der Arbeit. Schüren Sie diese Ungeduld weder durch endlos

Motivieren Sie Langsamlerner, indem Sie ihnen einfache Dinge beibringen, für die Sie sie zwischendurch immer loben können – zum Beispiel kleine Tricks wie das Kopfschütteln.

viele Wiederholungen ein und derselben Lektion, überfrachten Sie das Training aber auch nicht durch eine wirre Vielfalt. Um Ruhe in die gemeinsame Arbeit zu bringen, sollten Sie sich ein klares erreichbares Stundenziel setzen, das Sie in all seinen Facetten und Varianten verfolgen. Möchten Sie beispielsweise den Travers verbessern, überprüfen Sie auch den Schenkelgehorsam, die Nachgiebigkeit im Genick und die Schulterkontrolle bei anderen Seitengängen. So bringen Sie Abwechslung ins Programm, arbeiten dabei jedoch zielführend.

Folgt das Pferd dem Zügel in allen Gangarten nachgiebig?

Die Traversale eines Pferdes verbessert sich nicht durch stundenlange Wiederholungen. Das Verständnis für diese Übung festigt sich bei der Verfeinerung der Teilkomponenten.

Wenn Sie an einem Tag kaum Fortschritte bei einer Übung feststellen können, dann ist es sinnvoll, zu einer anderen, bekannten Übung oder einem vorangegangenen Trainingsschritt zurückzukehren und Ihr Pferd mit einem positiven Schluss zu entlassen. Oft wird dann die scheinbar gescheiterte Lektion in der nächsten gemeinsamen Trainingseinheit plötzlich viel besser funktionieren, obwohl Sie doch das Gefühl hatten, Ihr Pferd hätte diese gar nicht verstanden. Ich habe schon häufiger festgestellt, dass das Lernen bei Pferden eher sprunghaft erfolgt und weniger kontinuierlich. Geben Sie Ihrem Langsamlerner die Chance, Sie zu überraschen! Solche Pferde sind nicht stur. Lassen Sie sich also nicht hinreißen, ein langsamer lernendes Pferd mit dauernd stärkeren Hilfen zu malträtieren, weil Sie glauben, es würde Sie so besser verstehen! Damit verderben Sie neben aller Motivation auch jede Chance auf eine sensible und feine Kommunikation. Manches Talent entpuppt sich erst später und braucht Zeit zur Reifung!

Lässt sich die Vorhand flüssig verschieben?

Reagiert es auf den zurückgelegten äußeren Schenkel mit dem Hereinnehmen der Hinterhand?

Echte »Sturheit« dagegen ist ein herausforderndes Verhalten, das mit der Rangordnung und Ihren Führungsqualitäten zu tun hat, aber nicht mit dem Lerntyp Ihres Pferdes. Reagiert Ihr Pferd wiederholt renitent, haben Sie ein grundsätzliches Problem, das anders gelöst werden muss – mit der Erarbeitung ganz basaler Dinge, wie Vertrauen, Führung, Konzentration und Aufmerksamkeit. Schauen Sie sich dazu noch einmal das Kapitel zur effektiven Hilfengebung an. Überfordern Sie weder Ihren Blitzmerker noch einen eher langsamen Lerner! Abwandlungen und Variationen von bekannten Übungen und ein abwechslungsreiches Programm sind für alle Pferde motivierend, können aber auch genauso schnell Verwirrung und Frustration verursachen.

2. Sensibelchen und Büffel

Vor allem Ponys oder schwereren Pferden wird häufig Faulheit und prinzipielle Lustlosigkeit unterstellt. Natürlich gibt es auch Pferde, die charakterbedingt langsamer reagieren. Doch sind solche Pferde nicht weniger sensibel. Eher werden sie durch das aus diesem Denkfehler resultierende Verhalten des Menschen stumpf. Denn stellt sich das Gefühl ein, leichte Hilfen kämen nicht durch, so wird eben häufig stärker gedrückt, geschoben und gezogen. So lange, bis

Ruhige Bewegungsabläufe und Bodenarbeit bieten viele Variationsmöglichkeiten bei überschaubarem Anspruch ans Pferd und hohem gymnastischen Gewinn.

Lassen Sie sich für Schlaumeier immer wieder etwas Neues einfallen, damit nicht Langeweile den Arbeitseifer bremst. Max lernt selbstständig eine Tonne zu bewegen.

das Pferd endlich reagiert. Die Kommunikation wird dadurch immer zäher. Einzig sinnvoll ist es, das Pferd stets aufmerksam zu halten und auf eine feine Hilfengebung zu sensibilisieren. Manch so genannter Faulpelz wird dann erst als das eifrige und interessierte Pferd entdeckt, das eigentlich in ihm steckt.

Gerade sensible Pferde können unter dem Reiter schnell nervös sein oder hektisch wirken. Nicht selten sind es die Trainingsumstände, die ein Pferd erst zu einem Nervenbündel machen. So falsch wie bei gemütlichen Pferden ist es auch bei Sensibelchen, einen Teil der Hilfen vorsichtshalber wegzulassen:
Das Talent eines fein auf die Reiterhilfen reagierenden Pferdes kann schnell verkannt werden, wenn Sensibilität mit übermäßigem Temperament oder Hektik verwechselt wird. Ganz und gar kontraproduktiv ist es dann, die Unterschenkel wegzustrecken und die Zügel dafür umso mehr einzusetzen, um das Pferd zu bremsen. Ein steter leichter Beinkontakt gibt dem Pferd Sicherheit, verhilft den Schenkelhilfen zu mehr Konstanz und dem Reitersitz zu mehr Stabilität. Streckt der Reiter die Beine weg, gerät er schnell aus der Balance, was ein sensitives Pferd wiederum fälschlicherweise als Hilfe interpretieren oder als unangenehm empfinden und darauf (ungewünscht) reagieren könnte.

Ob ein Pferd sensibel oder stoisch auf die Hilfengebung des Reiters reagiert, liegt oft an der Art der Hilfen selbst: Feine Hilfen erhalten Pferde fein – in jeder pferdesportlichen Disziplin.

Weggestreckte und dann plötzlich einwirkende Unterschenkel werden ein Sensibelchen außerdem erschrecken. Wird dann noch kräftig an den Zügeln gezogen, vielleicht aus Reflex auf den Schreckmoment des Pferdes, verspannt sich Letzteres und eilt nur noch nervöser durch die Reitbahn. Die Lösung kann hier nur in ruhiger, sanfter Einwirkung und einem abwechslungsreichen Trainingsarrangement liegen.
Aus Angst, den gerade vermeintlichen mühsam erkämpften Vorwärtsdrang des Pferdes im Keim zu ersticken, neigen viele Reiter dazu, die Zügel wegzuwerfen. Dann jedoch hebt sich das Pferd vorn heraus. Hat der Reiter sein Pferd nicht genügend am Schenkel – was bei triebigen Pferden häufig der Fall ist – wird das Pferd mit der Vor- statt der Hinterhand Schwung holen und den Rücken wegstrecken. Dieser überaus unökonomische und ungesunde Kräfteeinsatz bewirkt schließlich Verspannungen und im schlimmsten Fall Schmerzen und Verschleiß beim Reitpferd. Auch ein phlegmatisch wirkendes Pferd braucht die führende Einwirkung des Zügels, um den Weg in die Dehnungshaltung oder Versammlung finden zu können. Den gewünschten Vorwärtsdrang erreichen Sie eher durch ein hinreichend förderndes, forderndes und abwechslungsreiches Training.

Nur ein ausgewogenes Zusammenspiel der Hilfen ermöglicht es dem Pferd, sich locker, dynamisch und zufrieden unter seinem Reiter zu bewegen.

Büffeligere Pferde sollten stets auf Zack gehalten werden.
An der Longe beispielsweise ist es sinnvoll, lieber kurz und knackig zu arbeiten, eher nah am Pferd zu bleiben und mitzulaufen, als starr im Zirkelmittelpunkt zu verharren. Das heißt nicht, dass das Pferd unablässig korrigiert oder mit Hilfen überschüttet werden soll. Denn eine solche Reizüberflutung führt im besten Falle zu noch mehr Unlust beim Pferd, kann aber durchaus auch – nachvollziehbare – Aggressivität hervorrufen, die sich gegen den Trainer richten kann. Gestalten Sie die Arbeit lieber so abwechslungsreich und effektiv wie irgend möglich: beziehen Sie Stangen- und Cavaletti in die Arbeit ein, arbeiten Sie mit häufigen, im Zusammenspiel der Hilfen immer feiner abgestimmten Übergängen und Tempiwechseln innerhalb einer Gangart. Beziehen Sie zur Bereicherung des Trainings ruhig auch in die Longenarbeit Elemente des Scheutrainings ein, wie Planen oder Luftballons. Das hält Pferde aufmerksam und macht sie durchlässiger.

Beziehen Sie auch Scheutraining in die tägliche Arbeit mit ein!
Das stärkt die Nerven bei Sensibelchen und macht Büffel aufmerksamer.

Überlegen Sie auch, ob sich für die Longenarbeit nicht ein Round-Pen oder ein abgesteckter Longierplatz herstellen lässt. Prinzipiell wirkt sich ein solcher »Rahmen« vorteilhaft auf die Gangfreude aus, weil dem Pferd hier keinerlei Möglichkeit geboten wird, sich zu entziehen. Das löst einen nicht zu unterschätzenden Druck durch eine dauernde, latente Bedrohungssituation aus – zumindest anfänglich, bis sich das Pferd an diese Art der Arbeit ebenso wie an alles andere, was Sie mit ihm machen, gewöhnt. So sehr, wie mit Vorsicht in einem solchen Arbeitsumfeld trainiert werden sollte – stets mit Rücksicht darauf, das Pferd nicht unnötig unter Stress zu setzen – so sehr bietet es sich manchmal für eben weniger gehfreudige Pferde an, um an körpersprachlichen Kommandos und deren prompter Umsetzung zu arbeiten.
Diese Anregungen zur Gestaltung abwechslungsreicher Longeneinheiten sind natürlich auch auf das Training unter dem Sattel übertragbar. Hier bietet es sich außerdem an, mit konkreten Fixpunkten zu arbeiten. Machen Sie Ihrem eher stoischen Pferd die Arbeit leichter, indem Sie diese für Ihr Pferd verständlicher gestalten und mehr Möglichkeiten schaffen, es zu loben.

Beispielsweise können Gangartenwechsel und ein fleißigerer Trab mit Hilfe von Zielpunkten deutlich verbessert werden. Bauen Sie sich mit Pylonen oder anderen gut erkennbaren Markierungen ein Viereck. Jeder Eckpunkt wird dabei mit einem Zielobjekt versehen. Zum Einstieg eignet sich auch eine einfache Strecke, an der langen Seite der Reitbahn, bei der Start- und Zielpunkt ebenfalls durch ein Bezugsobjekt markiert werden. Von Zielpunkt zu Zielpunkt können Sie nun verschiedene Übungen erarbeiten. In der Kürze der Strecke liegt dabei die Motivation für Ihr Pferd, denn bei Erreichen des Zielobjektes sollten unbedingt eine Entspannungspause und Lob angesagt sein. Verlängern Sie nur nach und nach die Strecke, in der Sie ein fleißiges Vorwärts erwarten. Am Anfang genügen bei trägen Pferden wenige schwungvolle Schritte oder Tritte. Darin, dass Ihr Pferd den Zielpunkt stets sehen kann und schnell begreifen wird, dass es hier »ankommen« muss, liegt die Nachvollziehbarkeit. Mit einem solchen Trainingsaufbau geben Sie einen Teil der Verantwortung »in seine Hufe«. Es wird sich mit zunehmender Routine immer mehr bemühen. Ihre Hilfengebung kann entsprechend feiner werden, Ihre Kommunikation verbessert sich dadurch fast automatisch und auf beiden Seiten steigert sich die Freude an der Arbeit und aneinander.
Auch sensible Tiere profitieren davon, wenn das »Ziel« Ihrer gemeinsamen Arbeit klar erkennbar ist. Sie brauchen einen Trainingsablauf, bei dem sie zeigen dürfen, was sie schon können. Sie sollten nicht mit einer Aneinanderreihung und einem häufigen Wechsel von Übungen überfordert und dadurch immer aufgeregter werden. Längere ruhige Phasen, die ihnen Sicherheit geben, eine feine Hilfengebung und ein eher gleichmäßiger Arbeitsrhythmus sind für sensible oder hektische Pferde besonders wichtig. Ruhepausen zur Belohnung einzusetzen, ist der Verfütterung von Leckerlis vorzuziehen, denn dabei können sie entspannen, das Gelernte verarbeiten und sich vertrauensvoll der Führung »ihres Menschen« hingeben. Meist genießen zartbesaitete Pferde solche Pausen eher, wenn auch Sie sich dabei vollkommen entspannen und nicht etwa Massageübungen oder größere Streicheleinheiten einbauen.

Jeanie schenkt ihrer Reiterin Frauke ein Ohr und entspannt: Dieses Lob kommt beim Adressaten an.

Für Reitanfänger sind sensible Pferde meist die sehr viel größere Herausforderung als solche, die eher stoisch auf die Einwirkung des Reiters reagieren. Viele Missverständnisse entstehen durch ein Zuviel an Einwirkung über Sitz, Zügel, Schenkel und Stimme, welche das Pferd verwirrt, das ja stets alles richtig machen möchte. Pferde, die auf feinste Signale reagieren, verstehen beispielsweise auch einen unruhigen Sitz, der nach vorn und hinten schwankt, und erst recht schlackernde Beine und unruhige Zügelführung als Hilfe und versuchen, dieser entsprechend Folge zu leisten. Schnell wird das vom Reiter als Ungehorsam interpretiert. Ab einem bestimmten Punkt machen besonders sensitive Pferde dann tatsächlich zu, verweigern sich, werden hektisch und nervös. Manche Pferde lehnen sich auf, denn sensible Tiere sind nicht automatisch defensiv veranlagt (siehe unten). In solchen Situationen hilft nur besonders konzentriertes Arbeiten. Verfolgen Sie ein klares Konzept, das Sie in kleinen Schritten, langsam und ruhig erarbeiten. Und: Suchen Sie sich unbedingt professionelle Hilfe, wenn Sie merken, dass Sie mit Ihrer Technik und dem Stand Ihrer Reitausbildung an Grenzen stoßen, die Sie allein nicht überwinden können. Das gebietet schon die Rücksichtnahme gegenüber dem Pferd!

Ausritte machen phlegmatische Pferde munter und nehmen nervösen Tieren den Leistungsdruck.

Für die Westerndisziplin Cutting braucht es beim Pferd vor allem Mut. Eine tolle Abwechslung und Herausforderung für offensive Pferdetypen.

3. Defensive und offensive Pferde

Manche Pferde gehen mit forscher Neugier an Aufgaben und Hindernisse. Sie verlangen ihrem Trainer stets seine volle Aufmerksamkeit ab, denn sie wollen gefordert werden. Pferde, die sich mutig allem Neuen nähern, sind in der Regel auch recht experimentierfreudig. Sie blühen bei Übungen, die ihren Entdeckergeist ansprechen, besonders auf. Meist lieben sie die Abwechslung und rasante Lektionen. So sind solche Pferde ausgesprochen geeignet für spielerisches Arbeiten vom Boden aus, wie das Target- oder Clickertraining, Zirkuslektionen, Springreiten, Vielseitigkeit und Cutting, wo insbesondere Mut und eine gewisse Angriffslust gefragt sind, aber auch klassische Ausbildungswege mit dem Ziel, Lektionen der Hohen Schule zu erarbeiten.

Aber Vorsicht: Bei allzu forschen Gemütern ist es ratsam, zuerst solche disziplinierenden Lektionen zu erarbeiten, die in die Tiefe führen, so wie das Knien, Verbeugen oder Hinlegen. Erst dann sollten Sie – wenn überhaupt – an Übungen arbeiten, die der Schule über der Erde zuzuordnen sind, wie das Steigen, oder an »hengstisch-provokatives« Verhalten anknüpfen, wie der Spanische Gruß. Unerfahreneren Pferdebesitzern können solche Pferde sonst schnell auf der Nase herumtanzen. Sie bieten die eingeübten Bewegungsmuster auch unaufgefordert an und stellen damit eine ernsthafte Kompetenzfrage an ihren Trainer. Kann dieser nicht adäquat und souverän reagieren, um solches Verhalten zu unterbinden oder besser gar nicht erst aufkommen zu lassen, kann es gefährlich werden.

Aber auch für Pferde, die sich in der Regel eher verhaltend, abwartend und schüchtern zeigen, sind klare Regeln wichtig – einerseits als Orientierung, die Sicherheit bietet. Andererseits werden auch diese Pferde, manchmal deutlich, manchmal schleichend und unbemerkt versuchen, die eigene Position in Ihrer Miniherde infrage zu stellen. Lernen Sie als Pferdebesitzer unbedingt, auf die entsprechenden Zeichen zu achten und nicht im Vertrauen auf die Gutmütigkeit Ihres Pferdes, unkonzentriert und leichtfertig zu handeln!
Defensive Pferde suchen nicht dauernd den »Kick«. Sie brauchen viel Zuspruch und Zeit, sich auf Neues und Ungewohntes einzulassen.

Lektionen, die in die Tiefe führen, können auch eine disziplinierende Wirkung haben und sind Vertrauensbeweise des Pferdes gegenüber seinem Trainer. Idealerweise sollte Max den Kopf höher halten – seinem vorschnellen Naturell entsprechend, führt er das Gewünschte häufig überdeutlich aus.

Nur weil es weniger neugierig wirkt oder zaghafter an eine neue Aufgabe herangeht, ist das kein Hinweis auf seine vielleicht unterschätzte Intelligenz! Doch wird es schneller zu Erfolgen kommen, wenn Sie das Training durch häufige Wiederholungen, Bestätigung und Lektionen strukturieren, die das Vertrauen zu Ihnen und in Ihre gemeinsame Arbeit stärken. So kann auch für defensive Pferde das Hinlegen oder die Arbeit mit einem Podest sehr förderlich sein. Auch kleinere Sprünge und Schreckhindernisse, die an bereits bekannte Übungsarrangements erinnern, stärken das Selbstvertrauen solcher Pferde. Einfache Lektionen mit großem Nutzen für eine differenzierte Hilfengebung vom Boden und vom Sattel aus, wie das Anheben einzelner Beine auf Ansprache, sind für beide Seiten motivierend.

So zuverlässige und gelassene Pferde können hervorragend für Wander- oder Distanzritte ausgebildet werden. Auf jedem Ausritt sind sie – bei entsprechend guter Ausbildung, die sich selbstverständlich auch bei diesen Pferden nicht erübrigt! – willkommene Begleiter. Trail- und Geschicklichkeitsaufgaben, bei denen es darauf ankommt, ruhig und sortiert auf die Reiterhilfen zu reagieren, beziehungsweise diese abzuwarten, machen mit solchen Pferden besonders Spaß.

Eher offensiv veranlagte Pferde können begeisterte Kutschpferde werden.

Und nicht zuletzt sind sie die besseren Anfängerpferde, denn sie verzeihen reiterliche Schwächen eher.

Porträts:

Ponywallach Max: Max liebt rasante und eher aggressive Spiele – Fußbälle jagen und Steigen hat er ganz leicht gelernt. Da er außerdem noch ein ungeduldiger Blitzmerker ist, muss er immer wieder mit ruhigen Bewegungsabläufen und konzentrierten Arbeitsphasen »besänftigt« werden. Aber wehe das Übungsprogramm wird langweilig, die Anforderung an die Ausdauer zu hoch. Dann sinkt die Motivationskurve sehr schnell. Bekannte Lektionen zu perfektionieren macht daher stets eine Gratwanderung nötig, auch was die Verteilung von Lob angeht. Dies bedeutet für den Trainer, stets noch ein bisschen konzentrierter zu sein als sein Pony.

Ponywallach Max

Quarter Horse-Stute Gloryday Go Gold: Sie ist ein typisches Beispiel für ein hochbegabtes und ausgesprochen sensitives Reiningpferd. Jede kleinste Veränderung im Sattel nimmt sie wahr und versucht die – bei einem ungeübten Reiter manchmal vermeintliche – Hilfe umzusetzen. Was sie einmal gelernt hat, das sitzt. Auch in Phasen, in denen sehr wenig trainiert wird, bekommt man immer alles bisher Erarbeitete geschenkt von ihr. Aber bis dahin dauert es etwas. Sie ist neugierig, aber nicht experimentierfreudig. Bedenkzeit ist bei ihr daher das A und O. Dabei ist sie von einer Ruhepause als Lob nicht weniger begeistert als von einem Leckerchen.

Quarter Horse-Stute Jeanie Go Chex: Diese Stute ist kapriziös! Eher defensiv veranlagt, ist sie nicht sehr draufgängerisch, aber ausgesprochen willig und feinfühlig. Wenn sie eine Lektion

Quarter Horse-Stute Gloryday Go Gold

Quarter Horse-Stute Jeanie Go Chex

Haflingerwallach Sheitan

verstanden hat, dann wird sie diese ab sofort mit Eleganz und Geschmeidigkeit zeigen. Allerdings steht sie oft unter einer sehr hohen körperlichen Spannung, reagiert dann launisch und wirkt schnell aufsässig. Sie braucht immer wieder Phasen, in denen sie sich locker machen und ihre Mitarbeit von sich aus anbieten kann. Neue Bewegungsabläufe zu trainieren, bedeutet immer auch, sie zu bitten, sich darauf einzulassen. Jeanies Verhalten deckt das ganze Spektrum ab: sanft, aber zickig, defensiv, aber sofort zum Austeilen bereit, sensibel und feinfühlig, aber absolut eindeutig, wenn es darum geht, dem Reiter Grenzen zu setzen. So ein Pferd braucht viel Einfühlungsvermögen, Sicherheit durch Führung und Vorhersehbarkeit der an sie gestellten Anforderungen.

Haflingerwallach Sheitan: Mit seinen 22 Jahren ist er immer noch ein Pferd, das viel Begeisterung in die Arbeit mit einbringt und gern gefallen möchte. Er versteht und lernt schnell Neues und braucht daher vor allem die geistige Herausforderung bei der Arbeit, um zufrieden zu sein. Was er schon kann, zeigt er gern, und bietet sein ganzes Repertoire an, wenn er nicht weiter weiß. Um seinen Eifer zu erhalten, braucht er Pausen, in denen er sich wieder sammeln kann, und einen Partner, der seine schier grenzenlose gute Laune zu schätzen weiß und mit ihm teilt - ein fröhliches, feines Pferd, das immer sein Bestes gibt.

Ein ungleiches Trio - drei Welsh-B-Wallache - drei Charakterköpfe:

Navarro: Navarro konnte man mit Ruhe und Geduld alles beibringen. Die Motivation, Neues auszuprobieren und zu lernen, wie man sich noch ein Leckerli mehr verdienen könnte, machte die Arbeit mit ihm zur Freude. Für ein Stück Möhre verbog er sich bis zur Unendlichkeit. Er war kein Blitzmerker und jede Übung brauchte seine Zeit, jedoch einmal Gelerntes vergaß er nicht mehr. Er brauchte immer eine Pause, um zu überlegen. Es kam schon einmal vor (z.B. beim Kompliment), dass die Übung nach einer mehrmonatigen Pause plötzlich perfekt ausgeführt wurde.

Pinocchio: Pinocchio zeigt, wie unterschiedlich Ponys lernen können. Eher scheu und vorsichtig, machen ihm neue Dinge zunächst eher Angst. Um Panik und Stress zu vermeiden hilft es, ihm Zeit zum »Drüber-Schlafen« zu geben. Auch noch Stunden nach dem Training scheint er über das Gelernte nachzudenken. Unternimmt man am nächsten Tag noch einmal einen Versuch, scheint alles vorher Beunruhigende plötzlich das Normalste der Welt zu sein. Für ihn braucht man vor allem Geduld und eine ruhige Hand. Nervosität überträgt sich extrem schnell, und an einem schlechten Tag sollte man so ein Pony am besten auf der Weide lassen.

Jack: Die Jack-Nuss zu knacken, ist nicht ganz einfach. Er ist noch sehr jung und hat ein extremes Spielbedürfnis. Er vergisst schnell, dass man mit dem Menschen nicht so grob umgehen kann. Gern schupst er mit dem Hinterteil, wenn ihm etwas nicht passt. Er lernt extrem schnell, ist dabei aber binnen Kurzem unkonzentriert. Also muss man ihm am besten jeden Tag nur wenige Minuten Konzentration abverlangen und

Welshpony-Wallach Navarro

Welshpony-Wallach Pinocchio

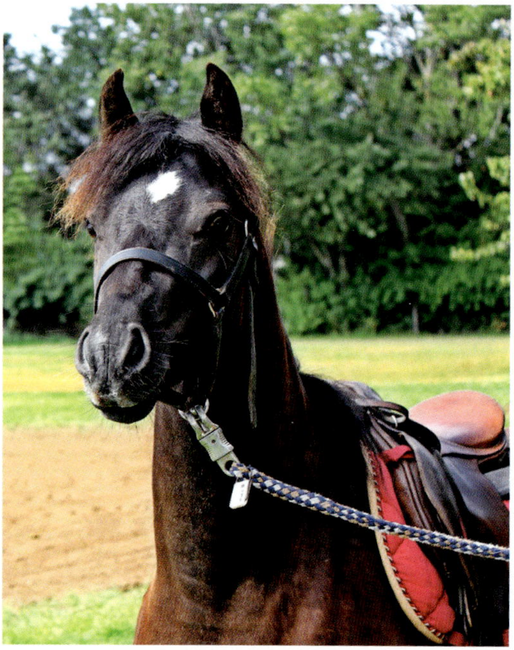

Welshpony-Wallach Jack

Warmblutwallach Stairway To Heaven

ihn ansonsten locker vor der Kutsche oder unter dem Sattel bewegen. Er lässt auch eingeschworene Leckerli-Befürworter zweifeln, ob Futterlob immer die beste Wahl ist, denn mit jedem Keks schwindet bei ihm die Konzentration auf die Arbeit und der Respekt vor seinem Trainer. Ein talentiertes Pony, das die Rangordnung jeden Tag aufs Neue ausdiskutieren möchte.

Warmblutwallach Stairway To Heaven: Dieses Dressurtalent ist ein wunderbarer Lern- und Freizeitpartner. Seine Geduld, sein ruhiger Charakter und seine gute Veranlagung machen das Lernen auf und mit ihm leicht. Nach Starallüren muss man bei ihm schon sehr gründlich suchen. Selbst bei größerer Aufregung bockt er seinem freundlichen Naturell entsprechend nicht, gibt sich aber alle Mühe durch lautes Prusten, die anderen Pferde ordentlich aufzuregen. Vom Dressurreiten, über ausgiebige Geländeritte bis hin zu flotten Sprungreihen ist er bei allem mit Spaß und Motivation dabei. Da ihn sein kurzer Rücken für versammelte Lektionen prädestiniert und er ein guter Teamplayer sein möchte, muss man besonders darauf achten, dass sein stetes Angebot zur Kooperation unter dem Sattel nicht zu Lasten der Rückenaktivität geht.

Eignung und Leistungsgrenzen

Nicht jedes Pferd ist für jeden Einsatz auch tatsächlich geeignet. Haben Sie also vor, sich ein Pferd anzuschaffen, sollten Sie sich von Anfang an im Klaren darüber sein, was Sie in reiterlicher Hinsicht möchten und welches Pferd Sie dafür brauchen. Haben Sie dagegen bereits ein Pferd in Ihrer Obhut, ist es wichtig, ganz offen – neben den augenscheinlichen Qualitäten – auch die Grenzen seiner Leistungsfähigkeit, zum Beispiel aufgrund seiner

Jedes Pferd will seinen Veranlagungen entsprechend gefordert, gefördert und motiviert werden.

Exterieurbedingungen, zu erkennen. Ein Pferd, dem dauernd Leistungen abverlangt werden, zu denen es schon aufgrund seines Körperbaus nicht in der Lage ist, wird niemals dauerhaft motiviert mitarbeiten können.
Was unser Pferd als Erbanlagen mitbringt, bestimmt seine Anatomie und seine psychischen Voraussetzungen. Bis zu einem gewissen Grad lässt sich die genetisch bedingte »Grundausrüstung« eines Pferdes steuern, verfeinern, verbessern oder ausreizen. Verändern jedoch kann der Mensch auch durch bestes Training nichts an diesem Grundbauplan.

Ein erfolgreicher Trainer ist also einer, dem gelingt, die gegebenen Begabungen zu erkennen, zu unterstützen und zu erhalten, sein Pferd also allseitig zu entwickeln. Unterstützend wirkt sich auf seine Arbeit die innere Bereitschaft des Pferdes aus, ihm auf diesem Weg zu folgen. Die Motivation ist eine gewichtige innere Kraft. Setzen Reiter ihre eigenen Ausbildungsziele und die ihrer Pferde zu hoch an, verkrampfen sie und diese wertvolle Quelle versiegt.
Erfreuen Sie sich also daran, was Ihr Schützling Ihnen im Rahmen seiner genetischen Möglichkeiten anbietet und zufrieden leistet!

Pferdetypen und ihre Eignung

Natürlich wird niemand ernsthaft in Erwägung ziehen, ein Kaltblutpferd zum Rennpferd ausbilden zu wollen – auch wenn es zum Beispiel in Norddeutschland Kaltblutrennen gibt. Ihre Stärke liegt in ihrer gewaltigen Kraft und macht sie zu prädestinierten Arbeitspferden. Aber auch unter dem Sattel können sie

Finden Sie gemeinsam heraus, welche Schwerpunkte Sinn machen und Ihrem Pferd gefallen! Probieren Sie aus, bieten Sie an, optimieren Sie!

eine gute Figur machen, wenn sie richtig darauf vorbereitet werden.
Dass auch Ponys wahre Leistungsträger sein können, weiß man in England schon lange. Hier bei uns wird das Bewusstsein darüber hoffentlich auch immer mehr zunehmen. Ab einer bestimmten Klasse können sie freilich weder in der Dressur noch beim Springen mithalten, auf Fahrturnieren allerdings wird es manchem Teilnehmer angesichts eines wendigen und kraftvollen Ponygespanns schon eher mulmig.

Und auch unter den Warmblütern gibt es diejenigen, die sich eher im Dressur- oder im Springsport wohlfühlen. Es ist nicht immer absehbar, welche Disziplin letztendlich die vielversprechendere ist. Es gibt einige Beispiele erfolgreicher Sportpferde, die eigentlich für etwas Anderes vorgesehen waren.
Klassische Ausbilder wünschen sich kurze, kompakte Pferde mit hoch angesetztem Hals und hoher Knieaktion, die bereits die anatomischen Idealbedingungen mitbringen, um klassisch-barock ausgebildet zu werden. Ein Westernpferd dagegen profitiert von einem tief angesetzten Hals und flachen Gängen, um im Turniersport weit vorrücken zu können. Und auch Kutschpferde müssen die vererbten

Leidenschaft ist manchmal wichtiger als schiere Größe, um erfolgreich zu sein.

Ziel jeden Reitens, egal, welcher Reitweise, sollte es sein, das natürliche Bewegungsrepertoire eines Pferdes auch unter dem Reiter zu erhalten und zu fördern. Warmblutwallach Pizarro.

Qualitäten mitbringen: Sie sollen vor allem nervenstark, trotzdem reaktionsschnell, geduldig und wenig schreckhaft sein, um ein ausdauernder und verlässlicher Partner vor der Kutsche zu werden. Nicht weniger hoch sind die Ansprüche an ein Voltigierpferd, das zudem noch weiche und taktreine Gänge mitbringen sollte.

Die Liste ließe sich beliebig fortschreiben. Wichtigste Erkenntnis ist jedoch, dass jedes Pferd Grenzen hat, die in seiner Natur liegen. Das soll aber nicht dazu führen, die eigenen Ziele gänzlich aus den Augen zu verlieren. Es soll anregen, bis an eben jene Grenzen im täglichen Miteinander vorzustoßen und sein Pferd damit möglichst zu voller Entfaltung zu bringen. Schon der Weg dahin ist ein Erfolg, wenn er mit Motivation und Freude beschritten wird!

Lust auf Leistung

Wenn wir mit unserem Pferd zusammen sind, dann meist, um ihm etwas beizubringen, mit ihm gemeinsam zu lernen oder etwas zu erreichen. Dabei müssen wir uns darauf einstellen, wie Pferde lernen und wie das Training insgesamt gestaltet sein muss, damit dieser Lern- und Arbeitsprozess auch tatsächlich von motivierenden Erfolgserlebnissen gekrönt wird. Mit Freude lernen und arbeiten, das tun Pferde, wenn der Trainer auf ihr Lernverhalten Rücksicht nimmt und sich dieses zu Nutze macht, wenn eine Arbeitsatmosphäre herrscht, die effektives Lernen überhaupt erst ermöglicht und für Pferd und Reiter entspannte Voraussetzungen bietet. Und wenn das Training auf die individuellen Bedürfnisse und die Leistungsfähigkeit des Pferdes abgestimmt ist. Also los geht's!

Lernen Sie etwas über das Lernverhalten von Pferden

Beim Thema Lernen haben die Begriffe »klassische Konditionierung«, »operante Konditionierung« und »Gewöhnung« wesentliche Bedeutung – Grundelemente der Lerntheorie, die intuitiv jeder Reiter in der Pferdeausbildung anwendet. Um sie richtig für sich und ein motivierendes Pferdetraining nutzen zu können, sollte man die verschiedenen Prozesse, die sich beim Lernen abspielen, kennen.

Die wichtigsten Grundbegriffe:
Mit »klassischer Konditionierung« ist jener Vorgang gemeint, bei dem Ihr Pferd Dinge miteinander verknüpft, die oft ganz kurz hintereinander passieren. So verknüpft es beispielsweise die Geste des In-die-Jackentasche-Greifens mit dem Auftauchen eines Leckerlis, wenn Sie nur ein paar Mal eines herausgezaubert haben. Konkret auf die Arbeitssituation bezogen ist es also nützlich, ein Kommando zum Beispiel für das Angaloppieren zu wählen, das Sie konsequent benutzen. Der Wiedererkennungswert ist dabei umso größer, je einfacher und einprägsamer das Kommando ist.

Eine zweite Lernform ist jene durch Versuch und Irrtum, die so genannte »operante Konditionierung«. Das Pferd versucht durch verschiedene Verhaltensweisen, ein Problem zu lösen. Verhaltensweisen, die sich dabei als nutzlos erweisen, werden in der betreffenden Situation bald nicht mehr gezeigt. Verhaltensweisen, die zum Erfolg geführt haben, werden in gleichen und ähnlichen Situationen wieder angewendet. Das erfolgsversprechende Verhalten wird mehr und mehr verinnerlicht. Wenn Sie also auf einen bestimmten Reiz eine bestimmte Reaktion wünschen, ist es an Ihnen, diese positiv »aufzuladen«. Bieten Sie ein Erfolgserlebnis bei der

Selbstbelohnendes Verhalten ...

Sich an scheinbar Gefährliches zu gewöhnen, kann auch Spaß machen.

richtigen Reaktion! In Kapitel 2.1 wird darauf genauer eingegangen. Ihr Pferd muss genau wissen, wann es etwas in Ihrem Sinne gemacht hat. Dann wird es das betreffende Verhalten auch wieder zeigen. Andersherum kann ein Pferd auch etwas lernen, das Sie gar nicht wünschen – indem es sich selbst seinen Erfolg verschafft, zum Beispiel beim Losreißen vom Strick mit anschließendem Imbiss auf der nächsten Wiese.

Doch bevor eine Verhaltensweise oder Reaktion auf einen Reiz wieder gezeigt wird, muss sie generalisiert werden. Zuerst bedeutet »Whoa!« für Ihr Pferd nur, dass es auf dem Platz nach dem Schrittgehen anhalten soll. Es muss also noch lernen, dass »Whoa« auch Anhalten aus dem Trab oder Galopp meint oder Anhalten beim Spazieren gehen oder als Handpferd.

Noch eine letzte Eigenschaft der klassischen Konditionierung, die für unser Training eine Rolle spielt: Das Blockieren. Sie besagt, dass ein zweiter Reiz, der gleichzeitig mit dem ersten stattfindet, durch den ersten überlagert und nicht wahrgenommen wird. Wenn also gleichzeitig mit einem körpersprachlichen Kommando ein verbales Kommando gegeben wird, wird das verbale Kommando blockiert. Es wird nicht wahrgenommen. Wenn Sie Ihrem Pferd das Kompliment auf ein Antippen des Fesselgelenks hin beigebracht haben und es nun auch noch ein verbales Kommando hierfür erlernen soll, muss dieses zeitversetzt gegeben werden. Oft geben wir unbewusst ein körpersprachliches Zeichen auf das unser Pferd reagiert. Um es auf ein verbales Kommando zu trainieren – was aus diesem Grund etwas schwieriger und mit viel Disziplin Ihrerseits verbunden ist – muss dieses verbale Kommando ganz kurz vor dem Handzeichen oder Gertentippen erfolgen. Sie müssen sich also im Vorfeld im Klaren darüber sein, was dem Pferd vermittelt werden soll: Soll es auf einen Reiz hin (mehr) reagieren oder sich daran gewöhnen (und weniger reagieren)? Bei der »Gewöhnung« geht es – im Gegensatz zur Konditionierung – darum, einen Reiz bedeutungslos zu machen, das Pferd gegen ihn abzustumpfen. Beim Aufspannen eines Regenschirms zu erschrecken und das Weite zu suchen, ist für Ihr Pferd möglicherweise die einzig einleuchtende, aber von Ihnen sicher nicht gewünschte Reaktion. Soll es lernen, diese Situation auszuhalten und als ungefährlich zu begreifen, muss es gewöhnt werden. Dabei dürfen Sie die Reiz-Intensität nur so langsam steigern, dass das Pferd keine Veränderung wahrnimmt und deshalb gelassen bleibt. Fürs Nicht-Reagieren wird dann sofort belohnt.

Je mehr ein Pferd geistig gefördert und durch Lob und Erfolgserlebnisse motiviert wird, desto besser lernt es – egal in welchem Alter.

Übrigens: Dafür haben Sie als Ausbilder gar nicht viel Zeit, denn nur in einem Zeitraum von drei Sekunden kann ein Pferd zwei Dinge noch aufeinander beziehen. Innerhalb dieser drei Sekunden, werden sie als gleichzeitig wahrgenommen. Folgen in diesem kurzen Zeitraum zwei Dinge unbeabsichtigt aufeinander, kann sie Ihr Pferd jedoch ungewollt miteinander verbinden. Deshalb sind mehrere Wiederholungen hintereinander sehr wichtig. So prägt sich die eine, immer wiederkehrende Reiz-Reaktions-Kombination langsam ein. Und das auch, wenn darunter mal versehentlich die ein oder andere falsche »Schlussfolgerung« seitens Ihres Pferd gezogen wurde.
Diese Grundlagen des Lernverhaltens Ihres Pferde – und übrigens aller Tiere – sollte man kennen, um dem Pferd das Lernen zu erleichtern und Missverständnisse gar nicht erst aufkommen zu lassen.

Und noch etwas: »Was Hänschen nicht lernt, lernt Hans nimmermehr« – diese alte Weisheit

Fehler sind Lernchancen

Was viele Lehrer und Schüler nicht wahrhaben wollen, verstehen auch die meisten Reiter nicht. Fehler bieten dem Pferd die Gelegenheit, etwas zu lernen, nämlich welches Verhalten gewünscht ist und welches nicht. Versuchen Sie daher nicht, Fehler von vornherein zu unterbinden, indem Sie Ihrem Pferd dauernd helfen – sprich: unablässig Hilfen geben – sondern lassen Sie das Pferd Bewegungen und Reaktionen ausprobieren. Nur so können Sie sicherstellen, dass Ihr Pferd auch tatsächlich versteht, was es tun soll und nicht, wie Jean-Claude Dysli immer wieder monierte, bloß abgerichtet wird.

Wie kann das nun in der Praxis aussehen? Ihr Pferd trabt auf dem Zirkel. An einer bestimmten Stelle schert es aber jedes Mal aus und läuft über die äußere Schulter weg. Lassen Sie Ihr Pferd diesen Fehler machen und greifen Sie ein, indem Sie es mit der Einwirkung des äußeren Schenkels und Zügels, Ihrer Gewichtsverlagerung und Blickrichtung wieder auf den gedachten Zirkel zurückholen. Das alles muss ganz ruhig und entspannt ausgeführt werden, wenn nötig einige Mal hintereinander. Befindet sich Ihr Pferd dann wieder auf der korrekten Zirkellinie, geben Sie nach und nehmen eine entspannte Körperhaltung ein. Stellen Sie sich in Gedanken vor, wie es sich anfühlt, wenn Ihr Pferd nun locker und flüssig auf dem Zirkel trabt. Versuchen Sie nicht, an dem berüchtigten Zirkelpunkt schon vorher zu intervenieren, indem Sie die Zügel straffen und prophylaktisch die Schenkel ordentlich zusammenpressen. Dadurch verkrampfen Sie und damit Ihr Pferd, und es wird trotzdem versuchen, über die Schulter auszuweichen, weil es gar nicht verstehen kann, warum Sie plötzlich so angespannt sind. Irgendwas stimmt nicht, aber was bloß? Lassen Sie es dagegen mit lockerem Sitz gewähren und greifen dann erst wieder ein, lernt Ihr Pferd etwas Wichtiges: Wenn ich die Zirkellinie verlasse, wird es unangenehm. Der Reiter nervt mich mit seinen Schenkeln und lässt mich erst auf der Zirkellinie wieder in Ruhe. Ah! Auf der Zirkellinie ist es angenehmer, hier hab ich meine Ruhe und kann entspannt traben.

können Sie in Bezug auf die Pferdeausbildung getrost vergessen. Mit eindeutiger Hilfengebung und Kommandos, der richtigen Motivationsstrategie und einer konsequent am Pferd orientierten Kommunikation und Vorgehensweise, lernt jedes Pferd zu jeder Zeit.

Bleiben Sie beharrlich, aber geduldig!

Machen Sie Ihrem Pferd das Richtige angenehm – Pferde lernen schnell, was ihnen guttut.

Lernen erkennen

Aber wann hat ein Pferd etwas wirklich »gelernt«, also so sehr verinnerlicht, dass es jederzeit und überall wieder abrufbar ist? Um das festzustellen, hilft die »5-Richtige-Strategie«: Wenn Ihr Pferd eine Übung fünf Mal hintereinander ohne zu Zögern und auf Ihre erste Aufforderung oder eine leichte Hilfengebung in gewünschter Weise zeigt, können Sie davon ausgehen, dass es diesen Schritt »gelernt« hat. Nun steht die Ampel für den nächsten Schritt auf Grün. Klappen nur zwei oder drei Versuche von fünf, müssen Sie noch weiterüben – Ihr Pferd braucht noch Zeit, bis der Schwierigkeitsgrad erhöht oder die Hilfengebung verfeinert werden kann.

Bleibt Ihr Pferd an einer Stelle stecken und lässt sich auch nach längerem Üben keine Steigerung erkennen, müssen Sie unbedingt analysieren, ob die Anforderungen Ihrerseits nicht zu hoch gesteckt wurden und die Übung an diesem Punkt der Ausbildung einfach noch zu schwer ist. Ein dauerhaft motiviertes Pferd erhalten Sie nur, wenn sich genügend Erfolgserlebnisse einstellen. Denn Erfolge sind die Wohlfühlmomente, die es braucht, um gerne bei der Sache zu bleiben. Zerlegen Sie also jede Übung in so viele kleine Schritte, dass Ihr Pferd leicht erkennt, wie es eine Situation bewältigen kann. Wie viele Einzelschritte jeweils nötig sind, ist eine individuelle Angelegenheit und kann nur von Ihnen im Dialog mit Ihrem Pferd entschieden werden. Gelingt etwas nach mehreren Versuchen nicht, müssen Sie einen Schritt in der Erarbeitung zurückgehen oder die Aufgabe so anlegen, dass sie leichter lösbar ist. Auf jeden Fall muss die Arbeitseinheit mit einem Erfolgserlebnis, viel Zufriedenheit und dem Gefühl, »die Nuss geknackt« zu haben, beendet werden. Sonst schleicht sich schnell Frust ein.

Kurz gefasst: Wie lernen Pferde?

1. Einem Pferd etwas beizubringen bedeutet, es zu konditionieren. Ein bestimmter Reiz, ein Signal, ein Kommando oder eine Hilfe wird mit einer bestimmten Reaktion verknüpft. Ist diese Verknüpfung durch genügend Wiederholungen stabil, reagiert es jedes Mal auf die Hilfe des Reiters.

Um Lernen zu ermöglichen, lautet die wichtigste Grundregel: Machen Sie Ihrem Pferd das Richtige leicht, das Falsche schwer!

2. Konsequenz ist das A und O: Ausbilder müssen immer das gleiche (stimmliche oder körpersprachliche) Signal geben, damit es vom Pferd wiedererkannt und gelernt werden kann.

3. Gehen Sie in kleinen und kleinsten Schritten an die Erarbeitung einer Lektion. So können Sie jederzeit erkennen, ob sich Ihr Pferd noch auf dem richtigen Weg befindet und notfalls einen Schritt zurückgehen, um das Verständnis abzusichern. Nur so kann Ihr Pferd Ihren Absichten folgen.

Positive und negative Verstärkung richtig eingesetzt

Zuckerbrot ...

Das Grundgeheimnis der Motivation ist, wenn man so will, die Freiwilligkeit. Nur dann bleibt die dem Pferd eigene und so faszinierende Ausstrahlung erhalten – obwohl sich das Pferd unterordnet, indem es lernt, uns zu gehorchen. Mit einem motivierten Pferd zu arbeiten bedeutet also, dass wir ein freiwillig von ihm angebotenes Verhalten nur noch in die von uns gewünschten Bahnen lenken müssen. Das Gegenteil wäre »Mobilisation«, also das wiederholte Abfordern und »Herauspressen« jeder einzelnen Aktivität – und damit verbunden auch die stete Suche unseres Partners Pferd nach einer Gelegenheit, sich zu drücken und zu schonen. Was wir wollen, ist eine – bestenfalls das ganze Training über zu spürende – Freude an der gemeinsamen Arbeit, Lust, etwas zu lernen, und Neugier auf neue Impulse.
Wie ist das zu erreichen? Genauso wie bei jedem Lebewesen, dem Menschen zum Beispiel: Es muss sich lohnen! Wir brauchen Belohnung für unsere Anstrengung.

Dabei ist es nicht ganz unerheblich, wie Sie Ihr Pferd belohnen.
Und hier ist noch einmal ein kleiner Ausflug in die Lerntheorie erforderlich, um die Zusammenhänge verständlich zu machen.

Gehen wir zunächst auf das besonders einleuchtende Verfahren der »positiven Verstärkung« ein. Wie kann diese aussehen? Von rhythmischem Abklatschen halten wohl die wenigsten Pferde etwas, auch wenn es unverständlicherweise immer noch häufig – vor allem von Männern – praktiziert wird. Im Verhalten von Pferden untereinander »klatscht« es höchstens, wenn ein Pferd das andere tritt ... Will ein Pferd dagegen einem anderen eine Wohltat zukommen lassen (wobei praktischerweise auch gleich eine für sich selbst herausspringt), dann krault es dieses mit den Zähnen. Naheliegender ist also auch für den Menschen, sein Pferd an einer besonders angenehmen Stelle zu streicheln oder zu kratzen – je nach Sensibilität des Pferdes. Die meisten Pferde mögen es, am Widerrist, Unterhals oder auf der Kruppe gekrault zu werden.
Ich möchte an dieser Stelle jedoch auch ein ausdrückliches Plädoyer für den Einsatz von fressbarem Lob halten. Das wird vom Pferd immer als Lob erkannt, gehört Futter doch zu den absoluten Grundmotivatoren eines Pferdes. Auch wenn Sie lieber angenehme Berührungen wie TTouchs oder Kraulen an Mähne und Kopf als Lob einsetzen: als Jackpot für besonderes Engagement bei der Arbeit oder die Lösung eines kniffeligen

Ein Pferd muss lernen, auf das Leckerli zu warten und die Individualdistanz des Trainers zu respektieren.

Benimmregeln sind die Grundvoraussetzung für die Belohnung mit Futter

Es gibt unter Pferdeleuten immer wieder Unstimmigkeiten über das Für und Wider von Futterlob. Aber: Werden vor dem Füttern von Leckerlis bestimmte Benimmregeln konsequent eingefordert, ist Futterlob kein Problem, sondern eine reine Bereicherung in der Pferdeausbildung.

Jedes Pferd muss lernen, dass ihm das Leckerli ausdrücklich gereicht wird und es sich dieses nicht selbst »beschaffen« darf. Pferde dürfen auch nicht an der Jacke herumstupsen oder mit dem Maul wühlen. Das ist Menschen gegenüber ausdrücklich respektlos, denn es überschreitet damit ihre Individualdistanz. Bei frechen Pferden kann das auch dazu führen, dass sie anfangen zu zwicken! Das ist aber kein Problem des Futterlobs an sich, sondern der richtigen Erziehung.

Wie können Sie also vorgehen, wenn Sie Leckerlis geben möchten?

Suchen Sie sich einen ruhigen Übungsplatz, wo sich Ihr Pferd gut konzentrieren kann. Fängt es gleich zu Beginn an, Ihre Tasche durchwühlen zu wollen, dann schieben Sie seinen Kopf weg und sagen ruhig, aber bestimmt, »Nein!« Es kann sein, dass Sie diese Übung oft wiederholen müssen, vor allem dann, wenn Ihr Pferd in der Vergangenheit mit dem Betteln Erfolg hatte. Bleiben Sie geduldig und konsequent.

Ihr Pferd muss lernen, dass »Nein« bedeutet, dass sein Verhalten keine Erfolgschancen hat. Dazu müssen Sie nicht grob werden, sondern nur konsequent bleiben. Denken Sie vor allem daran, dass Konsequenz auch bedeutet, dass Sie Ihrem Pferd in keiner anderen Situation das Betteln durchgehen lassen. In Zukunft wird es mit einem »Nein!« und dem Wegschieben des Kopfes auf seinen Platz verwiesen.

Hört es auf, an Ihrer Jackentasche zu suchen, beginnen Sie ein Leckerli herauszuholen. Ihr Pferd wird sich diesem wahrscheinlich gleich zuwenden wollen. Ignorieren Sie Ihr Pferd in diesem Falle. Erst wenn es seinen Kopf wegdreht und entspannt steht, bekommt es das begehrte Objekt. Loben Sie es außerdem, denn das ist keine leichte Übung gewesen! Geben Sie das Leckerchen nicht nah am Körper, sondern strecken Sie Ihre Hand weg, damit es nicht die Kopfbewegung zu Ihnen hin mit dem Leckerchen verknüpft.

Bevor Sie jedoch davon ausgehen können, dass Ihr Pferd verstanden hat, worum es Ihnen geht, müssen Sie diese Übung wahrscheinlich noch recht oft wiederholen. Am besten vor jedem Training, bis das Pferd wirklich nicht mehr bettelt. Dann können Sie entspannt mit Leckerlis belohnen.

Problems habe ich immer ein Stück Karotte oder Ähnliches in der Jackentasche. Das Verhältnis zum Menschen wird dadurch meiner Ansicht nach gestärkt und manche Pferde werden nicht nur richtig erfinderisch, sondern auch mutig.

Beim Reiten durch Schenkeleinsatz die Kadenz zu fördern, erfolgt nach dem Prinzip der negativen Verstärkung.

Belohnung kann aber auch in einer Entspannungspause liegen, im Einschieben einer Lektion, die das Pferd gern ausführt und für die es ein paar Leckerchen abstauben kann oder in der Möglichkeit, sich zu wälzen. Und hier ist der Übergang zur »negativen Verstärkung« fast fließend. Der Begriff hat, wie leider fälschlicherweise immer mal wieder in der Fachliteratur zu lesen ist, absolut nichts mit Strafe zu tun. Die Lehrmethode basiert darauf, dass ein als negativ empfundener Reiz weggenommen wird, sobald das Pferd die gewünschte Reaktion zeigt. Jede Reitweise und Bodenarbeitsmethode basiert auf diesem Prinzip.
So weicht ein Pferd beispielsweise dem inneren Schenkel nach außen hin, weil es gelernt hat, dass der Druck des Reiterbeins dann nachlässt. Die Grunderfahrung, die ein Pferd bei der Anwendung der negativen Verstärkung macht – so wie sie vor allem in der Westernreitweise verstanden und angewendet wird – soll sein: Wenn ich folge, weiche, den Kurs beibehalte etc. verschafft mir das Wohlergehen. Widerstand oder Davonlaufen hingegen kosten Kraft und Anstrengung. Wir werden das beim Thema effektive Hilfengebung noch genauer betrachten. Sowohl die negative als auch die positive Verstärkung wird also als Lob wahrgenommen – ein gezeigtes Verhalten wird (bei richtigem Timing!) verstärkt. Und beides brauchen wir in der Pferdeausbildung.

Sheitan lernt dem Zügel zu folgen allein durch positive Verstärkung mit dem Clicker.

Konzentrieren Sie sich nicht nur auf das gewünschte Zielverhalten, sondern gestalten Sie über die ganze Arbeitszeit hinweg eine positive Lernerfahrung. Sinnvoll platziertes Lob ist dafür ein wichtiger Pfeiler.

Für welche Form des Lobens Sie sich entscheiden, hängt von persönlichen Vorlieben, aber auch von denen Ihres Pferdes ab. Hauptsache ist, dass das Timing stimmt (innerhalb von drei Sekunden nach der gewünschten Reaktion), damit Ihr Pferd verstehen kann, wofür es gelobt wurde.

Um Ihr Pferd auch hinsichtlich der Ausführung einer Lektion bei der Stange zu halten, sollten Sie mit zunehmendem Lernfortschritt von einem festen zu einem variablen Belohnungssystem übergehen. Erfolgt die positive Verstärkung nach einem festen Schema, so wird eine Standardreaktion des Pferdes belohnt. Immer wenn es auf ein Kommando hin eine bestimmte Reaktion zeigt, gibt es eine Belohnung. Da Pferde nicht nur die von Ihnen gewünschten Lektionen recht schnell lernen, sondern auch ein solches Belohnungsschema durchschauen, wird irgendwann häufig gerade nur noch so viel Anstrengung in eine Übung gelegt, wie nötig ist, um ein Leckerli abzustauben. Mit der Zeit wird es also sinnvoller sein, wenn das Pferd nur noch für besonders gut gelungene Lektionen oder die Erfindung neuer Spiele mit Leckerchen belohnt wird.

Statt nur zu weichen, kann ein Pferd mit positiver Verstärkung auch lernen, der Hand zu folgen.

Das Leckerchen ist der Jackpot und bleibt es während der ganzen Ausbildung, denn ein variables Verstärkungsschema spornt an. Das bedeutet, dass es bei einer bekannten und gefestigten Übung nur noch dann ein Leckerli gibt, wenn diese besonders gut oder schnell ausgeführt wurde oder einen höheren Schwierigkeitsgrad erreicht hat. Beim Erlernen des Spanischen Grußes beispielsweise gäbe es dann kein Leckerli mehr für das bloße Anheben des Vorderbeins, sondern nur noch, wenn es besonders hoch oder ausgestreckt angehoben wurde. Durch das Zurückhalten eines Lobes können Sie also das Verhalten verändern. Ihr Pferd beginnt zu experimentieren. Sobald dies geschieht, können Sie jedes von Ihrem Pferd angebotene Experimentierverhalten verstärken, das Ihnen zusagt. Erhöhen Sie die Anforderungen jedoch immer nur in kleinsten Schritten, denn das Wichtigste für effektives Lernen bleibt das Belohnungsmoment.

Beim Clickertraining wird spielerisch mit positiver Verstärkung und dem besonders eindeutigen Signal des Clickers als »Versprechen« für eine folgende Belohnung gearbeitet.

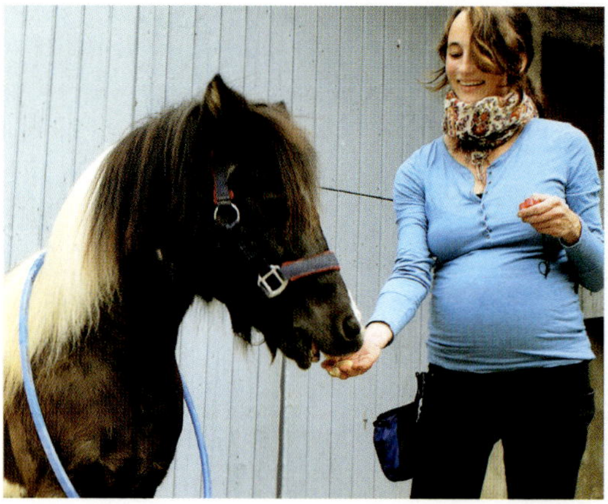

Ergänzend sollten Sie ein Stimmlob einführen, das aber erst als »Lob« erkannt, also erlernt werden muss. Ungeeignet ist zum Beispiel »Fein«, denn die lautliche Ähnlichkeit mit seinem Gegenspieler ist sehr groß. Um dieses Wort mit Bedeutung aufzuladen, können Sie Ihrem Pferd – das wird seine liebste Lektion ... – in Verbindung mit ihm ein Leckerchen geben. Dabei muss zunächst das Wort ertönen und dann erst die Leckerei folgen. Um diese Verknüpfung zu festigen, muss man sie mindestens 20 Mal wiederholen. Unterstützend kann man hier, wenn man mit dieser Methode arbeiten möchte, den sogenannten Clicker verwenden. Er ertönt dann anstelle des lobenden Wortes und ist eine Art Versprechen auf ein Leckerli, das immer folgen muss. Der Clicker wird oft schnell verstanden, weil mechanische und damit immer gleiche Laute besser von Tieren abgespeichert werden. Die Stimme unterliegt dagegen tonalen Schwankungen und weist minimale Differenzen auf, die wir oft gar nicht wahrnehmen. Doch diese Variante ist Geschmacksache, denn man muss hierzu den Clicker bei der Hand haben.

»Laden« Sie alle verwendeten Laute ab und zu wieder mit Belohnung »auf«, um ihre Bedeutung nicht schwächer werden zu lassen.

... und Peitsche

So verlockend der Gedanke auch sein mag, so ist doch die Beziehung zwischen Mensch und Pferd keine Beziehung unter gleichberechtigten Freunden. Sie soll aber dennoch zur Partnerschaft werden. Das kann nur gelingen mit Konsequenz und der Einsicht, das erst klare Regeln den Platz für Vertrautheit einräumen – ihn überhaupt erst definieren.

Machen Sie den Kopf frei, auch wenn mal alles schief zu gehen scheint. Ärger blockiert jeden Erfolg.

Ich schiebe bereits vorweg: Strafe im eigentlichen Sinn bleibt Tabubrüchen vorbehalten! Ohne ihm einen allzu prominenten Platz einräumen zu wollen, möchte ich einige grundlegende Gedanken zum Thema Strafe festhalten.

Die Arbeit mit Pferden muss auf einem soliden Verständigungsfundament aufgebaut werden. Dabei müssen wir uns an den Regeln in einer Pferdeherde orientieren, um uns unserem Pferd verständlich machen zu können. Bei der Kommunikation zwischen Mensch und Pferd stoßen zwei recht unterschiedliche »Sprachen« aufeinander: die körpersprachlich betonte der Pferde und unsere auf das Verbale ausgerichtete. Und zudem noch zwei ganz verschiedene Wahrnehmungshorizonte. Der Mensch setzt jeder Bestrafung ein gewisses Schuldgefühl voraus. Das Pferd jedoch kennt die Verkettung von Einsicht, Schuld und Reue nicht. Es findet keine Unterscheidung statt zwischen einer absichtlichen Tat oder einem Versehen. Pferde lernen nur aus der Erfahrung, dass die eine Handlung Positives zur Folge hat, eine andere Negatives wie Stress, Ärger oder sogar Schmerz. Daran orientieren sie sich.

Emotionale Reaktionen sind dem Pferd nicht im Sinne einer Strafe verständlich. Nach den Regeln

der Herde erkennt es in solchen Momenten im Menschen Schwäche. Die Nerven zu verlieren, ist nichts für Leittiere, denn sie müssen Entscheidungen treffen, die die Herde schützen. Eine solche Rolle wird Ihr Pferd Ihnen nur zuerkennen, wenn Sie entsprechend berechenbar und besonnen sind.
Das heißt nichts anderes, als dass es klare Regeln geben muss, die nicht überschritten werden dürfen im täglichen Umgang, und nur hier ist eine Strafe im wörtlichen Sinne überhaupt gerechtfertigt. Strafe kann nur angemessen sein, wenn sie sich auf einen Tabubruch bezieht (nicht auf das Pferd selbst!) und niemals übermäßig ausfällt. Jede Bestrafung soll kurz, schnell, berechtigt, vor allem leidenschaftslos und ohne Ausnahme erfolgen! Nach jeder Bestrafung jedoch muss wieder Frieden herrschen und jeder Ärger verpufft sein.

Schmerz erzeugt Angst und Frust – beides blockiert jegliches Lernen. Dessen sollten Sie sich immer bewusst sein.
Sinnvoll ist die Verknüpfung eines mahnenden Lautes mit einer unangenehmen Erfahrung, um die Bedeutung eines Wortes verständlich zu machen. Man sollte dabei vor allem mit »Enttäuschung« und nicht mit Einschüchterung arbeiten. Das Pferd muss ganz klar verstehen, dass ein »Nein« eine nicht erwünschte Reaktion betrifft.
Bedenken Sie beim Umgang mit Ihrem Pferd, ihm den gleichen Respekt entgegenzubringen, den Sie selbst von ihm erwarten. Ein Pferd, das nur Schläge und raue Worte kennt, wird sich nicht sensibel und feinfühlig verhalten. Es wird in der gleichen »Sprache« antworten.
Auch wenn es manchmal schwerfällt: Hinterfragen Sie zunächst auch die Situation und Ihr eigenes Verhalten, bevor Sie die »Schuld« bei Ihrem Pferd suchen! Fragen Sie sich, was in diesem Moment das (vermeintlich) freche Verhalten Ihres Pferde ausgelöst hat. Hatte es Angst? Hat es Sie nicht verstanden? War nicht genug Platz fürs Rückwärtsrichten? Wurde es durch ein anderes Pferd gestört oder eingeschüchtert, als Sie es von der Weide holen wollten? Haben Sie die Übung zu oft ohne jedes Erfolgserlebnis wiederholt, anstatt sich eine neue Lösung des Problems zu überlegen? Haben Sie vergessen, nachzugeben, als Ihr Pferd richtig reagiert hat? Dann haben Sie es verunsichert.

Kurz gefasst: Wann sind Lob und Strafe hilfreich für motiviertes Arbeiten?

1. Lob, gern auch in Form von Futter, ist unersetzlicher Bestandteil für erfolgreiches Lernen und motiviertes Arbeiten. Wiederholte kleine Erfolgserlebnisse stellen sicher, dass das Pferd am Ball bleibt. Das gilt nicht weniger für den Ausbilder.

2. Futterlob ist dann kein Problem, wenn das Pferd gelernt hat, es höflich entgegenzunehmen und nicht zu betteln. Sonst stört es den Lernprozess eher.

3. Strafe ist ausschließlich Tabubrüchen vorbehalten! Sind Sie gezwungen, respektloses oder gefährliches Verhalten häufig zu strafen, ist es an der Zeit, die Grunderziehung aufzufrischen oder sicherzustellen, bevor Sie überhaupt höhere Ziele anvisieren können!

Die Bedeutung der Arbeitsatmosphäre

Der Reiter trägt den Löwenanteil dazu bei, wie motiviert die Zusammenarbeit auf dem Platz, im

Gelände oder Parcours abläuft. Es ist daher unerlässlich, dass sich jeder Pferdetrainer seiner eigenen Einstellung zur Arbeit, seiner Haltung und dessen, was man als Fairness gegenüber dem Pferd bezeichnen kann, bewusst wird. Das Arbeitsumfeld spielt für die Leistungsfähigkeit eines Pferdes dabei eine ebenso große Rolle, wie die mentale Verfassung seines Trainers. Selbstreflektion gehört also zum motivierenden Training dazu.

Beginnen Sie bei sich selbst

Pferde haben, genau wie jedes andere Lebewesen, Launen, Vorlieben und gute oder schlechte Tage. Ein Pferd mit dickem Winterfell fühlt sich an wärmeren Herbsttagen schneller schlapp, im Fellwechsel kann es sich müde und abgeschlagen fühlen, oder es hat heute einfach mal weniger Lust. Ihr Pferd wird Ihnen das zeigen – schon vor der Arbeit. Ist es Ihnen heute entgegengelaufen, als Sie es von der Weide holen wollten? Kam es flott oder mussten Sie es erst einfangen? Ist es beim Putzen ungeduldig, kitzelig und mürrisch oder freut es sich über die Aufmerksamkeit und Ihre Berührung? Schaut es neugierig hinter Ihnen her? Döst es zufrieden oder wiehert es nach den anderen Pferden, wenn Sie weggehen, um die Ausrüstung zu holen? Es ist nicht schwer, wenn man sein Pferd länger kennt und auf seine Signale achtet, seine Stimmung zu erkennen.

Noch wichtiger ist für den Moment, in dem Sie sich mit Ihrem Pferd beschäftigen möchten, Ihre eigene körperliche und mentale Verfassung. Fragen Sie sich selbst, ob Sie heute wirklich Lust haben, die neue Lektion am langen Zügel anzufangen. Oder passt ein kleiner Spaziergang heute besser zu Ihrer Laune? Ohne wirklich Lust und Freude an der gemeinsamen Zeit, kann Vieles schief gehen. Werden Sie ungeduldig und rupfen heute an den Leinen, anstatt die feinen Hilfen zu geben, die Sie zusammen erarbeitet hatten? Tatsächlich können Sie viel von dem, was Sie bisher erreicht haben, gefährden, wenn Sie Ihr gemeinsames Programm nur leidenschaftslos abspulen oder Leistungen von Ihrem Pferd verlangen, zu denen Sie sich heute selbst gar nicht fähig fühlen.

Der Blick nach innen dient der Selbstanalyse. Dazu müssen Sie nicht in lange Meditation verfallen. Es genügt, sich konsequent zu fragen: Was habe ich heute vor? Arbeite ich weiter an

Entscheiden Sie mit Bauch (Tagesform) und Kopf (Vorhaben), was heute auf dem Programm stehen wird.

einem bestimmten Projekt oder brauchen wir beide eine kurze Auszeit? Gibt es noch Baustellen zu bearbeiten und bin ich dazu heute aufgelegt? Bin ich motiviert, übermotiviert oder antriebslos? Befragen Sie sich selbst, denn Ihr Pferd wird es merken, schon wenn Sie es von der Weide holen. Es registriert Ihren Gang, der schleppend, munter oder entschlossen sein kann. Es registriert all die kleinen Körpersignale, vom Körpergeruch bis zum Blick, die uns selbst oft gar nicht bewusst sind.

Oft können wir feststellen, dass unser Pferd noch ganz munter war, als wir es geholt haben. Jetzt bei der Arbeit ist es plötzlich mürrisch und widersetzlich. Wenn wir dann noch einmal in uns gehen, bemerken wir, dass wir nicht bei der Sache, sondern noch bei diesem unangenehmen Kunden heute sind. Oder ist es den ganzen Tag schlecht gelaufen und Sie möchten jetzt, dass wenigstens das hier prompt gelingt? Unsere Tiere spiegeln oft unser eigenes Befinden wider. Wir beeinflussen seine Gemütsverfassung – es wird zum Spiegelbild. Ich möchte diesen Begriff nicht überstrapazieren: Ein Pferd ist ein eigenständiges Lebewesen und keine bloße Projektionsfläche für unsere Wünsche und Sehnsüchte. Pferde haben ihre eigenen Launen und Bedürfnisse und sind keine Selbstverwirklichungsobjekte des Menschen.
Aber unbestritten kann das Verhalten eines Pferdes etwas über uns selbst aussagen.
Mentaltrainer raten ferner: Lächeln, singen und pfeifen Sie, um Ihre Laune aktiv zu beeinflussen! Wir haben nämlich nicht nur dann ein Lächeln auf den Lippen, wenn wir gute Laune haben. Gleiches gilt auch umgekehrt: Positive Stimmung entsteht durch dieses mit Wut und Gereiztheit unvereinbare Verhalten. Sie können Ihr Unterbewusstsein also leicht selbst überlisten. Das gilt auch für Selbstgespräche, bei denen Sie positive Formulierungen verwenden.

Bitte lächeln! Dann geht es Ihnen gleich besser. Charlotte Richter mit Isländer-Stute Svala.

Ein produktives Arbeitsklima herrscht dann, wenn das Pferd die Reaktionen seines Ausbilders einschätzen kann, nicht von aggressiven Attacken oder emotionalen Ausbrüchen überrascht wird und sich auf ihn verlassen kann. Ein motivierter Mensch kann unheimlich dynamisierend auf sein Pferd wirken. Dazu gehört auch, Fehler und kleine Rückschritte nicht persönlich zu nehmen, sondern gelassen und emotional unberührt zu bleiben. Ein Pferd ist und bleibt seiner Natur gemäß ein Fluchttier. Fühlt es sich also durch Ihr Verhalten verunsichert oder gar geängstigt, wird es seine ganze Aufmerksamkeit darauf verwenden, etwas zu tun, um sich »zu retten«. Lernen ist dann nicht mehr möglich.

Wenn Sie Lektionen in Bodenarbeit erarbeiten, sind Körpereinsatz, Körpergefühl und eine eindeutige Körpersprache gefragt. Wärmen Sie sich ruhig vor der Arbeit etwas auf. Laufen Sie zum Beispiel in den Stall oder nehmen Sie das Fahrrad. Drehen Sie noch eine Runde mit dem Hund, bevor Sie Ihr Pferd holen. Sie können auch noch Mobilisierungs- und Dehnungsübungen machen. Die Tatsache, dass man sich danach einfach beweglicher und lockerer fühlt, gilt nicht nur für Menschen, die den ganzen Tag im Büro sitzen. Auch wenn Sie einen körperlich anstrengenden Beruf ausüben, kommt gezielte Dehnung Ihrem Körpergefühl zugute. Das kann sich auf einige wenige Übungen beschränken. Nur wenn Sie sich beweglich und locker fühlen, können Sie dieses positive Körpergefühl auch Ihrem Pferd vermitteln. Es ermöglicht Ihnen, schnell und geschmeidig zu reagieren.

Die Arbeitsatmosphäre ist auch Kopfsache

Nun habe ich einiges angerissen zur Rolle, die Ihr Befinden und das Ihres Pferdes auf dem gemeinsamen Arbeitsplatz spielt. Für ein erfreuliches Zusammenarbeiten muss also die Chemie stimmen – nicht nur ganz allgemein, sondern auch tagesformabhängig. Machen Sie sich vor der Arbeit eine möglichst genaue Vorstellung von dem, was Sie heute machen und erreichen wollen. Wie wird sich das Ergebnis anfühlen? Welche Hindernisse könnten sich auftun und wie werde ich sie meistern? Ich werde mich freuen, schwungvoll bei der Sache sein und jeden kleinen Fortschritt erkennen und honorieren! Ich werde mich und mein Pferd nicht überfordern! Wir werden uns gut zusammen fühlen!

Auch das so wichtige Lob, zum Beispiel durch Streicheleinheiten, kann ein Pferd nur in einer entspannten Situation als angenehm empfinden. Steht es unter Spannung oder gar Druck, kommt diese Wohltat nicht als solche an.

Es lohnt sich, nicht nur mit dem Körper Ihres Pferdes, sondern auch mit Ihrem eigenen bewusst umzugehen. Für Ihre gemeinsame Kommunikation sind genaues Beobachten, Hineinfühlen und die Schulung der eigenen Beweglichkeit sinnvoll.

Abgespeicherte Bilder im Kopf – Gefühlsbilder – sind eine unterschätzte Quelle für Erfolgsmomente. Wenn etwas gut klappt, Sie ein Erfolgserlebnis haben oder sich etwas besonders gut und richtig anfühlt, dann speichern Sie dieses Gefühl mit Ihrer inneren Kamera ab. Halten Sie alles genau fest: Wie fühlt sich das an? Was habe ich gemacht, damit es so gelingt? Dieses Gefühl können Sie dann wieder aufrufen vor und während der Arbeit auf dem Platz und so diese guten Momente wiederholen. Um solche »Gefühlsfotos« machen zu können, müssen Sie sich und Ihrem Pferd Pausen gönnen. Halten Sie nach gelungenen Sequenzen inne und verschnaufen Sie kurz. Auch Ihr Pferd braucht diese Zeit zum »Nachdenken«. Während der Arbeit prasselt eine Vielzahl von Informationen auf Ihr Pferd ein, die es filtern und verarbeiten muss. Nur wenn Sie eine Vorstellung von dem zu Erreichenden haben, werden Sie auch die richtigen Signale an Ihr Pferd senden. Gehen Sie jedoch verkrampft und mit nur einer diffusen Ahnung an die Arbeit, kann die Sache plötzlich verquer laufen. Oft reagieren wir dann unwirsch und vor allem unverständlich für unser Pferd.

Das wirkt sich im Übrigen auch auf die unmittelbare Hilfengebung sinnvoll aus. Ein Beispiel: Ihr Pferd stürmt an der Longe, unter dem Sattel oder als Handpferd vorwärts. In dieser Situation wäre es falsch zu denken: »Nein! Ich will das nicht!« Denken Sie: »Jetzt Schritt!« oder »Jetzt Trab!« Sie müssen positiv formulieren, was Sie wollen. Das Unterbewusstsein kennt kein Nein.

Ein Wort noch vorweg

Bevor Sie sich mit Ihrem Pferd ans Werk machen, würde ich mir wünschen, dass Sie sich eines bewusst machen: Heutzutage beschäftigen wir uns mit Pferden aus reinem Freizeitvergnügen, auch wenn wir ehrgeizige Ziele haben. Wir sind mit unseren Pferden zusammen, weil wir es gern machen, weil wir sie gern haben. Es ist ein wunderbarer Ausgleich im Leben, das ansonsten stressig, hektisch oder auch mal frustrierend sein kann. Bedenken wir, dass wir uns aus Ehrgeiz schnell wieder in Stress begeben. Doch das schadet der Arbeit mit unseren Pferden. Wir werden ungehalten, sind unzufrieden mit dem Ergebnis, wollen mehr und schneller erreichen und schaffen so eine negative Arbeitsatmosphäre.
Konzentrieren wir uns in der Zeit, die wir mit unserem Pferd verbringen, ganz einfach darauf, den schönen Moment zu erleben. Lassen Sie uns nicht so viel darüber grübeln, was wir besser machen könnten – Selbstbeobachtung bleibt dennoch wichtig (!) – und was man bis wann unbedingt erreicht haben möchte. Wir lassen uns überraschen!

Wenn unser Pferd merkt, dass wir »nichts von ihm wollen« und das mit jeder Faser unseres Körpers ausdrücken, dann werden wir mehr erleben und erreichen, als wenn wir etwas erzwingen wollen.
Ich würde an dieser Stelle gern Bibi Degn, Deutschlands TTEAM-Instructor, zitieren:

Denken Sie auch an Pausen und genug Getränke für sich selbst.

Mit Pferden arbeiten zu dürfen, ist eine unschätzbare Bereicherung und ein Geschenk.

»Reiten [und die Arbeit am Boden] ist eine wunderbare Möglichkeit, ein besserer Mensch zu werden, in jeder Hinsicht an sich selber zu arbeiten, zu wachsen und einen Grund zum Wachsen zu haben.«

Kurz gefasst: Wie kann meine eigene Motivation die meines Pferdes verbessern?

1. Ihr Pferd wird Ihre Stimmung immer richtig einschätzen, egal wie sehr Sie sich zu verstellen versuchen. Machen Sie sich daher frei von negativem Stress, bevor Sie gelöstes Arbeiten von Ihrem Pferd erwarten!

2. Zu hoch gesteckte Ziele und unrealistischer Ehrgeiz sind Gift für die Arbeit mit dem Pferd. Machen Sie sich Ihre eigenen Grenzen bewusst und akzeptieren Sie, dass im Zusammensein mit einem Tier, nur das Hier und Jetzt von Bedeutung sind. Mit Gelassenheit jeden Tag ein ganz kleines Stück voranzukommen ist erfolgversprechender, als wenn man versucht, große Fortschritte zu erzwingen.

Von Kindern lernen, heißt den Moment mit allen Sinnen zu (er)leben lernen. Allerdings sollten Sie insbesondere bei Kindern, nie auf einen Helm verzichten!

3. Nutzen Sie »Gefühlsfotos«, um Erfolgserlebnisse immer wieder abrufbar zu machen.

Effektive Hilfengebung und Körpersprache

Missverständnisse durch falsche Körpersprache und unklare Hilfen sind ein Hauptgrund für ausbleibende Motivation seitens des Pferdes. Nur eine funktionierende Kommunikation zwischen Pferd und Reiter führt zu jenem Phänomen, das in der Fachsprache als »Durchlässigkeit« gehandelt wird. Der Begriff bezeichnet die Bereitschaft des Pferdes, auf richtungsweisende sowie verhaltende bzw. versammelnde Zügelhilfen ebenso locker und willig einzugehen, wie auf die vorwärtstreibenden Schenkel- und Gewichtshilfen. Ob Ihr Pferd durchlässig ist, zeigt sich vor allem bei den Übergängen, aber auch in seiner Fähigkeit, sein Gleichgewicht ohne Steifheit oder gar Widerstand gegen die Reiterhilfen nach vorn und hinten sowie auch seitlich zu verlagern bzw. sich zu biegen. Die Hilfen sollen also geradezu durch ein lockeres und ausbalanciertes Pferd »hindurchfließen« und zu einer prompten Reaktion führen. Das ist einerseits eine Frage des Gehorsams, andererseits der Geschmeidigkeit. Beides kann durch eine effektive und für das Pferd verständliche Hilfengebung erreicht werden. Dass Geschmeidigkeit und Balance auch das Resultat eines sinnvollen Trainingsaufbaus sind, wird uns weiter unten noch beschäftigen. Wie Sie sehen, greifen die verschiedenen Aspekte erfolgreichen Trainings immer wieder ineinander. Sie bedingen sich wechselseitig.

Gerade mangelnde Durchlässigkeit ist es jedoch, was wir häufig als Faulheit oder Triebigkeit bezeichnen. Hier liegt ein Knackpunkt auf dem Weg zum motivierten und fleißigen Tier. Betrachten wir deshalb die Hilfengebung des Reiters oder Trainers als Schlüssel zum erfolgreichen Miteinander.

Hilfen sollen, wie der Name schon sagt, dem Pferd helfen, die Signale des Reiters oder Trainers richtig zu verstehen und darauf angemessen reagieren zu können. Effektiv ist die Hilfegebung

Wie durchlässig ein Pferd die Hilfengebung des Reiters annimmt, zeigt sich vor allem beim Durchparieren ...

... und Rückwärtsrichten auf feine Hilfen hin.

Pferde untereinander kommunizieren manchmal subtil ...

... manchmal deutlich, aber immer eindeutig.

also dann, wenn sie bei relativ geringem Aufwand des Trainers eine große Wirkung entfaltet und so eindeutig ist, dass sie vom Pferd prompt umgesetzt werden kann.

Verständnis der Hilfen sichern

Eine Hilfe ist nichts anderes, als ein konditioniertes Signal, auf welches das Pferd mit der immer gleichen (konditionierten) Reaktion antwortet. Damit das gelingt, müssen die Hilfen zunächst einmal dem natürlichen Verhalten – also der »Sprache des Pferdes« – entsprechen. Welchen Grundsätzen müssen Hilfen also folgen, damit sie vom Pferd überhaupt verstanden werden können?
Erinnern wir uns an den Motivationsbaum aus dem ersten Kapitel dieses Buches: Eines der Grundbedürfnisse eines Pferdes, das erfüllt sein muss, BEVOR überhaupt Leistung und Motivation von ihm zu erwarten sind, ist Sicherheit. Diese bietet ein Trainer dann, wenn er Führungskraft beweist, er also eine Wirkung erzielt und das Pferd auf seine Einwirkung angemessen reagiert. Der Schlüssel dafür liegt in der Kommunikation, also der Hilfengebung:
1. Die Hilfegebung muss »konsequent«, das heißt »folgerichtig« sein, orientiert an der Interaktion von Pferden untereinander: Zeigt ein Pferd einem Artgenossen gegenüber eine Drohgebärde und weicht dieser daraufhin aus, so wird es in Ruhe gelassen. Reagiert es nicht, wird das Pferd nachdrücklicher und lässt das andere die Folgen seines Tuns spüren.

2. Gute Führung entsteht aber auch durch präzise Zielvorgaben. Ein guter Chef zeichnet sich darin aus, dass zwischen ihm und seinen Mitarbeitern klare Zielvereinbarungen getroffen werden, die Orientierung bieten. Aus meinem Lehrerberuf weiß ich außerdem, wie wichtig eine gerechte Leistungsbewertung für die Leistungsbereitschaft eines Schülers ist. Nur wenn nachvollziehbare und eindeutige Maßstäbe angelegt werden, Ziele, auf die es hinzuarbeiten gilt, ist auch ein klares Motiv, also Motivation, vorhanden. Verwirrung und Überforderung entstehen, wenn plötzlich nicht

vereinbarte Nachforderungen gestellt werden. Die Zielvereinbarungen sind dann nicht mehr überprüfbar, der Chef wirkt bestenfalls unsicher, vor allem aber führungsschwach.
Formulieren Sie daher immer wieder klare Aufforderungen an das Pferd: In welcher Gangart und Richtung soll es wie lange laufen? Geben Sie eine eindeutige Hilfe, die auf dieses eindeutige Ziel hinweist!
Ihre Körpersprache zeigt dem Pferd im Sattel wie am Boden, wann es sich der Zielvereinbarung entsprechend verhalten hat. Der Trainer signalisiert durch Anspannung: Ich will etwas von dir. Entspannung heißt, gut gemacht, genau das wollte ich von dir.
Bleiben Sie während des Trainings stets aufmerksam bezüglich Ihrer Körpersprache und den Reaktionen Ihres Pferdes! Aufmerksamkeit bedeutet Respekt dem Pferd und seinen Bedürfnissen gegenüber.

3. Als Führungskraft in der Miniherde mit Ihrem Pferd nehmen Sie die Rolle der Leitstute ein. Sie fordert zum Folgen auf oder zum Ausweichen. Für Ihr Pferd muss erkennbar sein, dass Sie die Kommunikationsregeln für diese Manöver beherrschen. Das heißt auch: beherrscht reagieren und ruhig bleiben! Bodenarbeit ist daher keine spielerische Nebensache, sondern sehr effektives Training. Richtig durchgeführt lernen Sie, Ihren Körper und damit Ihre Hilfengebung zu kontrollieren. Ihr Pferd lernt, dass auf Sie Verlass ist und es Ihnen vertrauensvoll seine ganze Aufmerksamkeit schenken kann.

Bodenarbeit ist keine Spielerei, sondern sinnvolles Kommunikationstraining.

Wie motivierend für Beide, wenn man darum nicht erst in jeder Reitstunde kämpfen muss!

Pferde sind Spezialisten für weite Räume. Dort fühlen sie sich wohl und sicher, können alles überblicken und rechtzeitig auf Gefahren mit Flucht reagieren. In der Erziehung von Pferden untereinander kann man das Prinzip der »Raumnahme« beobachten und dieses auf die Erziehung durch den Menschen übertragen. Doch sollte sich jeder Trainer bewusst sein, dass jede Raumnahme potentiell Widerstand und den Wunsch nach Flucht provoziert. Daher ist das Prinzip des Raumgebens beispielsweise durch eine nachgebende Hand oder nachlassende Einwirkung wichtig, wenn nicht entscheidend für den Lernprozess. Dennoch sollte jedes Pferd, die Raumnahme akzeptieren lernen und keine Angst davor haben, von seinem Trainer berührt und gestreichelt oder an die Hilfen genommen zu werden. Achtung: Manche Pferde müssen dies erst als Belohnung zu schätzen lernen! An einer Stelle zu streicheln, an der es dies als angenehm empfindet, signalisiert ihm Ihre friedlichen Absichten. Zeigen Sie ihm, dass Raumnahme nichts Unangenehmes oder gar Bedrohliches ist.
Ein Pferd weichen zu lassen, ist immer einfacher, als es »mitzuziehen«. Indem Sie es treiben, machen Sie den Raum enger, sind fordernder. Wenden Sie sich dagegen ab, um das Pferd zum Folgen aufzufordern, eröffnen Sie Räume. Das Pferd kann nun entscheiden, was es tun möchte. Sie können somit beim Weichen eher eine Respektsbekundung abfragen, als seine Folgsamkeit. Beides braucht es aber, um eine solide Kommunikation und ein Vertrauensverhältnis, das Sie als »Leitstute« kennzeichnet, aufzubauen.

4. Eine unkomplizierte und präzise Hilfengebung erleichtert das Verständnis für Ihr Pferd und das wiederum ist Motivation! Ihr Pferd ist darauf angewiesen, nach dem Prinzip von Versuch und Irrtum zu lernen. Kann es richtig und falsch (siehe Kapitel zu Lob und Strafe) oder Ihre Hilfen nicht klar unterscheiden, wird das langfristig Frust bei Ihrem Pferd erzeugen. Es wird zu lange brauchen, Ihre Wünsche zu verstehen oder gar nicht zum Ziel kommen. Dabei ist es für den Lernprozess Ihres Pferde so wichtig, als Partner aktiv am Lernvorgang

Übungen zuerst am Boden zu erarbeiten, erleichtert es dem Pferd, die Hilfengebung zu verstehen, und schließlich auch unter dem Reiter die gewünschten Bewegungsabläufe zu zeigen.

beteiligt sein zu können. Der Dank wird Ihnen ein eifriges, mit Ausdauer und Kreativität mitarbeitendes Pferd sein! Denken Sie also an ein klares und überschaubares »Hilfenvokabular«, das sich Ihr Pferd einprägen kann. Bleiben wir zur Erläuterung dessen, was unter eindeutigen und tatsächlich hilfreichen Hilfen zu verstehen ist, bei dem Bild des Vokabellernens: Das vom Pferd zu erlernende Hilfenvokabular setzt sich an der Basis aus verschiedenen Buchstaben zusammen. Das sind die körpersprachlichen oder instrumentellen Mittel, die Sie immer wieder einsetzen und zu komplexen Hilfen – die entsprechend komplexe Reaktionen beim Pferd hervorrufen sollen – kombinieren. Es wird jedem einleuchten, dass das nur gelingen kann, wenn die Buchstaben dabei stets dieselbe Bedeutung haben. Wie eingangs erwähnt, konditionieren Sie bei Ihrem Pferd im übertragenden Sinne, dass ein K immer ein K ist und nie ein T. Nur so kann es die Worte »Katze« und »Tatze« unterscheiden. Ihr Pferd muss Sie lesen können!

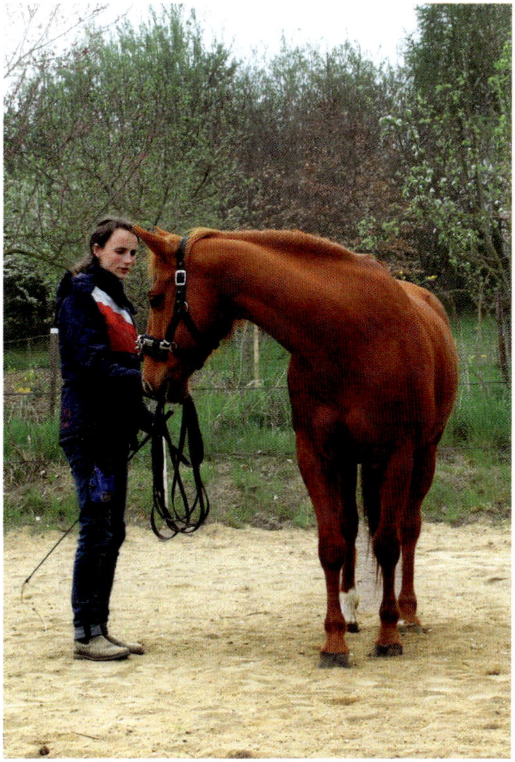

Eine feine Hilfengebung bedeutet Fairness gegenüber dem Pferd.

5. Eine für das Pferd erlern- und umsetzbare Hilfengebung basiert auf einem unabhängigen und ausbalancierten Sitz im Sattel und festen Stand am Boden, der eine eindeutige Körpersprache ermöglicht. Sich regelmäßig oder zumindest hin und wieder Hilfe durch einen erfahrenen Trainer zu holen, ist daher eine wichtige Verantwortung des Reiters gegenüber seinem Pferd. Viele »Freestyle-Freizeitreiter« lehnen eine standardisierte Ausbildung ab, doch dient diese letztendlich – ein einfühlsamer, professioneller und selbst gut ausgebildeter Reitlehrer vorausgesetzt – der Gesunderhaltung und schonenden Ausbildung des Pferdes. Nicht jeder, der meint, gewaltfrei zu reiten, tut dies tatsächlich auch. So verzichtet mancher auf Gerte und Sporen, weil ihm diese als Zwangsmittel erscheinen, doch setzt er stattdessen beherzt und häufig aus Unwissenheit scharfe Zäumungen ein oder hackt permanent in die Rippen seines Lieblings, um ihn zum Vorwärtsgehen zu überreden.

Dosis und Timing – die wichtigsten Parameter für effektive Hilfengebung

Differenzierung ist – neben der grundsätzlichen Verständlichkeit – der zweite Pfeiler auf dem eine effektive und motivierende Hilfengebung ruhen sollte. Differenzieren kann man die Hilfengebung in zwei verschiedene Richtungen, die je nach

Ausbildungssituation wichtig sind: Von einer sehr starken Hilfe zu immer leichteren, schwächeren Hilfen oder umgekehrt, von einer leichten Hilfe hin zu einer stärkeren, deutlicheren.
Dabei gilt immer der unumstößliche Leitsatz: »So viel wie nötig, so wenig wie möglich!«
Den Anfang jeder Hilfengebung macht das Denken. Ich habe bereits darauf hingewiesen, wie wichtig eine klare Zielvorgabe für die präzise Hilfengebung ist. Stellen Sie sich bildlich vor, was genau Sie jetzt von Ihrem Pferd möchten. Es ist verblüffend, wie deutlich die Auswirkung auf Ihre Körpersprache und Hilfengebung ist! Sie möchten, dass Ihr Pferd aus dem Stand antrabt – ganz automatisch werden Sie sich im Körper straffen und aufrichten, wenn Sie sich dieses Manöver genau vorstellen. Dieses Signal erreicht einen so sensitiven Mitarbeiter wie das Pferd auf jeden Fall. Nun kommt es nur darauf an, ob es auch gelernt hat, dass damit eine Aufforderung verbunden ist, die ihm gilt. Wenn ja, werden Sie eine Reaktion wahrnehmen. Wenn nein, ist es an der Zeit, an der Kommunikation zu feilen:

1. Zu Beginn der Ausbildung oder der Erarbeitung einer Lektion sollen die Hilfen deutlich sein, denn das Pferd muss sie unmissverständlich verstehen lernen. Man gibt beispielsweise zur Erarbeitung des Angaloppierens an der Longe, kurz nach der Stimmhilfe, einen deutlichen Peitschenknall, der das Pferd auch leicht berühren darf. Je intensiver diese Hilfe war, desto prompter wird das Pferd angaloppieren und gar nicht anders können, als richtig zu reagieren. So wird es das Stimmkommando bald verinnerlicht haben, und es wird in der Folge bemüht sein, daraufhin anzuspringen.
Mit zunehmender Reaktionsbereitschaft auf das Stimmkommando hin, muss die Peitschenhilfe jedoch – im Sinne der Sensibilisierung des Pferdes – progressiv schwächer werden.
Gehen Sie bei allen Übungen am Boden so vor: Geben Sie zunächst das Stimmkommando. Dem folgt in Sekundenschnelle (nicht mehr als 3 Sekunden später!) die entsprechende Peitschen- oder Gertenhilfe zur Verdeutlichung. Gleichzeitig gegebene Stimm- und Gertenhilfen überlagern sich. Die Stimmhilfe wird nicht mehr wahrgenommen (vergleichen Sie dazu Kapitel 1.1).
Anders ist es beim Erlernen eines komplexen Bewegungsablaufes, wie Sie ihn zum Beispiel bei den Zirkuslektionen erarbeiten werden. Bis das Pferd die gewünschte Lektion nicht vollständig in sein Bewegungsrepertoire aufgenommen hat, dürfen Sie hier keine Stimmhilfe geben! Wenn Sie in dem Moment, in dem das Pferd lernen soll, sein Bein anzuheben, das Stimmkommando beispielsweise für das Kompliment geben, wird es das Stimmkommando mit eben diesem Teilschritt verbinden, doch ohne die noch folgenden Schritte auf dem Weg zur fertigen Zirkuslektion. Heben

Erlaubt unsere Kommunikation mit dem Pferd, dass es rasch verstehen kann, was wir von ihm möchten, vertraut es sich in jeder Situation gern unserer Führung an.

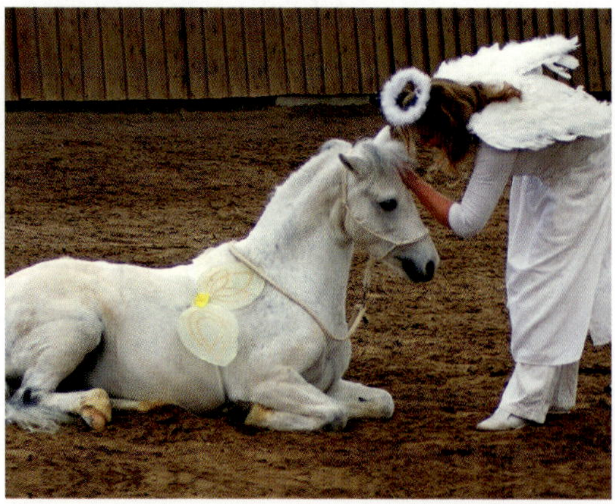

Sie sich also das Stimmkommando Ihrer Wahl bis zum Schluss auf – es wird das Letzte sein, was Sie erarbeiten. Das fällt uns Menschen, die wir uns täglich durch Sprache vermitteln, oftmals schwer. Wir haben den Eindruck, unserem Pferd zu helfen, wenn wir ihm »sagen, was wir gern hätten«. Für Ihr Pferd ist das verwirrend und ermüdend.

Das Hilfsmittel Gerte/Peitsche erhöht einerseits Ihre »Reichweite« und sollte vom Pferd als »Verlängerung Ihres Arms bzw. Ihres Körpers« wahrgenommen werden. Andererseits erhöht sie den von Ihnen erzeugten Druck, wenn leichtere Hilfen wie Blick(Richtung), Körpersprache, Stimme, Schenkel- und Zügeleinsatz keine Wirkung zeigen. Ein Pferd sollte niemals Angst von diesem Hilfsmittel eingeflößt bekommen. Das wäre ein Zeichen von allgemeinem Misstrauen Ihrem Handeln gegenüber oder die Folge eines äußerst unsachgemäßen Gertengebrauchs. Sie ist schlicht ein Kommunikationsmittel, das Ihr Hilfenrepertoire erweitert.

Sitzen dann einmal die Lektionen, muss die Gerte oder Peitsche sowieso nur noch anwesend sein. Eine Berührung ist in der Regel nicht mehr nötig. Die Gerte unterstützt die anderen Hilfen durch bloße Andeutung.

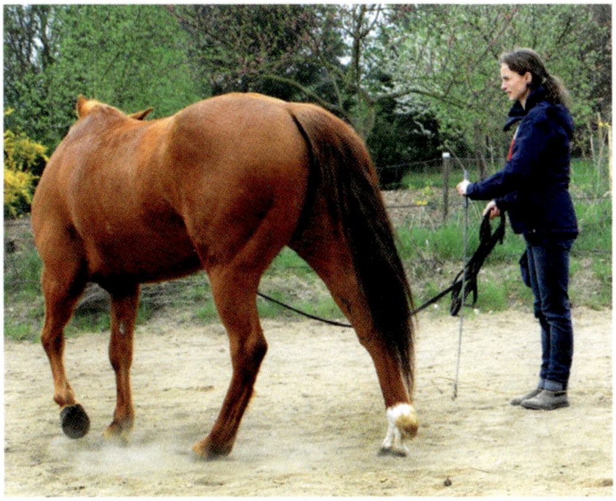

Hilfen sind am deutlichsten, wenn mehrere Sinne gleichzeitig angesprochen werden – hier ist einfach die Wahrscheinlichkeit des Verständnisses und der Wahrnehmung am größten. So werden Ihre Hilfen in der Regel Kombinationen aus Gerten-, Stimm- und körpersprachlichen Hilfen beziehungsweise aus Zügel-, Gewichts- und Schenkelhilfen bleiben. Die Aktivierung einzelner Körperteile oder Gliedmaßen, wie es bei der Arbeit an der langen Leine, den zirzensischen Lektionen oder bestimmten Aufgaben der Bodenarbeit nötig ist, ist dabei Aufgabe der Gerte.

2. Klassische Ausbilder und Westernreiter unterstreichen immer wieder die Wichtigkeit des Nachgebens, sobald die gewünschte Reaktion auch nur ansatzweise erfolgt. (Vergleichen Sie dazu Kapitel 1.2) Pferde lernen nämlich am schnellsten durch das Nachlassen von Druck, nicht durch den Druck selbst. Ein nachgiebiger Reiter, der kleinste Fortschritte erkennt und mit Entspannung belohnt, zeigt seinem Pferd absolut unmissverständlich, dass es so gehandelt hat, wie es von ihm erwartet wurde. Durch Ihre Hilfengebung geben Sie Ihrem Pferd die Form vor, in der es sich bewegen soll: Zum Beispiel die Gangart, das Tempo, die Stellung und Biegung, den Grad der Versammlung. Ist diese Form erreicht, geben Sie nach und das Pferd erhält die Möglichkeit, innerhalb dieser Form selbstständig zu arbeiten. Es wird im weiteren Verlauf der Ausbildung immer wieder diesen Punkt suchen und verschiedene Wege ausprobieren, um ihn zu erreichen. Haben Sie also unbedingt Geduld, denn diese verschafft Ihnen am Ende ein Pferd, das gelernt hat, sich auf wenige eindeutige Signale zu konzentrieren und diesen sofort Folge zu leisten. Die Belohnung folgt dann prompt, indem sich das Pferd im Verlauf der Übung entspannt bewegen darf.

Wir müssen unseren Pferden nichts beibringen, sondern ihnen das, was sie können, durch kluge und einfühlsame Kommunikation entlocken.

Ein Beispiel hierzu ist das Rückwärtsrichten: Die feinste Hilfe, mit der sich ein gut ausgebildetes Pferd vom Boden aus zum Rückwärtsweichen bewegen lässt, ist ein konzentrierter, aber nicht bohrender, Blick auf die Pferdebrust oder die -vorderbeine bei erhöhter Körperspannung. Lehnen Sie sich nun noch ein Stück nach vorn, erhöht das den Druck auf Ihr Pferd, Ihnen zu weichen. Ein dem Pferd bereits bekanntes Stimmsignal kann anschließend für mehr Verständnis beim Pferd sorgen – wenn es bis jetzt nicht gewichen ist. Sollte mehr Nachdruck nötig sein, touchieren Sie die Brust des Pferdes erst leicht, dann stärker. Sobald das Pferd durch diesen Impuls einen Schritt rückwärtsgeht oder auch nur seinen Schwerpunkt etwas nach hinten verlagert, lassen die Hilfen nach. Das heißt in diesem Falle, dass die Gerte nicht mehr touchiert, sondern nur noch verwahrend vor die Brust gehalten wird, oder Sie bei einem bereits gut sensibilisierten Pferd eine völlig entspannte Körperhaltung einnehmen. Das Pferd soll nun weiterhin, auch ohne Ihre stete Hilfengebung, seinen »Job« machen. Ziel ist ein Pferd, das diesen Job so lange weitermacht, bis Sie ihm durch neuerliche Hilfengebung eine neue Aufgabe geben, z.B. schneller rückwärts zu gehen oder ihm erlauben, stehen zu bleiben. Diese zu mehr Selbstständigkeit erziehende, nicht gängelnde Hilfengebung erhält Pferde aufmerksam, sensibel und motiviert. Korrigierend eingreifen sollten wir immer dann, wenn das Pferd unaufgefordert etwas anderes als verlangt oder einen Fehler macht – z.B. von der geraden Linie abweicht. Das hält Ihr Pferd frisch während dieser Übung, bei der viele Pferde dazu neigen, lustlos rückwärts zu schlurfen. Korrigieren wir es dagegen schon vorher oder geben wir ständig »vorbeugende« Hilfen, stumpfen Pferde schneller ab und ihnen geht die Arbeitsfreude verloren. In den Sattel übertragen heißt das, dass ein Pferd, welches während des ganzen Rückwärtsrichtens zwischen den Reiterschenkeln eingeengt wird, um ja nicht von der Geraden abzukommen, mit immer stärkeren Hilfen überhaupt erst zum Rückwärtsrichten kommt. Wollen Sie dabei vielleicht noch das Tempo erhöhen, stoßen Sie kräftemäßig irgendwann ganz an Ihre Grenzen. Denn wenn Sie schon den steten Schenkeleinsatz für die Grundidee des Rückwärts brauchen, dann müssen Sie erst recht stärker einwirken, wenn Sie den Rückwärtsgang noch beschleunigen möchten. Pferde, die so geritten werden, bezeichnet man dann nicht selten zu Unrecht als triebig und büffelig ...

Kurz gefasst: Wann ist meine Hilfengebung effektiv?

1. Grundvoraussetzung für ein durchlässiges Pferd ist, dass dieses die Hilfen überhaupt versteht. Sichern Sie dieses Verständnis zunächst am Boden und im Stand, später vom Sattel, Kutschbock, Langzügel et cetera aus. Erst anschließend können Sie daran gehen, Lektionen auch in anderen Gangarten abzuverlangen.

2. Eine klare Hilfensprache ist essentiell dafür, dass das Pferd prompt und willig auf die Signale des Trainers reagieren kann. Klar ist eine Hilfe dann, wenn sie immer gleich gegeben wird und dadurch immer wiedererkannt werden kann: Verwenden Sie für eine Lektion immer das gleiche Stimmkommando, touchieren Sie die immer gleichen Körperpunkte, setzen Sie Schenkel, Zügel und Gewichtsverlagerungen immer gleich ein.

3. Mit zunehmendem Verständnis der Hilfen sollten diese reduziert und weniger intensiv gegeben werden. Es gilt der Leitsatz: So wenig wie möglich, aber so viel wie nötig! Bei ausbleibender Reaktion muss also der Ausbilder entsprechend konsequent und beharrlich reagieren.

Gestaltung des Trainingsaufbaus

Nicht selten sind scheinbare Faulheit oder Widersetzlichkeit das Resultat von Verspannungen, Schmerzen und vor allem mangelnder Losgelassenheit. Solche Pferde können nur dann die Freude an der gemeinsamen Arbeit mit Ihnen wiederfinden, wenn das Training ihnen hilft, sich im eigenen Körper und unter dem Sattel gut zu fühlen. Daher müssen in Überlegungen zum Aufbau des täglichen beziehungsweise langfristigen Trainings in gleichem Maße die physische wie die psychische Verfassung eines Pferdes einbezogen werden. Die bisher erläuterten Grundvoraussetzungen für erfolgreiches Lernen sollten also in eine Trainingsplanung münden, in der die Leistungsfähigkeit und Beweglichkeit des Pferdes auf Grundlage seiner Lernfähigkeit und seiner Biomechanik aufgebaut und erhalten werden.

Die Trainingsvorbereitung

Eine erkennbare innere Logik und das Verfolgen eines so genannten roten Fadens scheint auf den ersten Blick eher für den Reiter ein wichtiges Kriterium bei der Planung und Durchführung des täglichen Trainings zu sein. Auch das Pferd wird spüren, ob sein Reiter weiß, wo er hinwill und was die Zielvereinbarung (erinnern Sie das Kapitel zur effektiven Hilfengebung!) des Trainings ist. Auf die Konfusion seines Trainers wird es nur ebenso konfus reagieren können. Dann erscheint es schnell ohne jede Schuld widersetzlich. Langfristig sollten Sie also stets ein Ziel verfolgen, das letztendlich auch Ihnen selbst die nötige Motivation für die regelmäßige Zusammenarbeit gibt. Haben Sie stattdessen das Gefühl, Ihr Pferd nur mal eben bewegen oder beschäftigen zu müssen, kann das auf Dauer sehr demotivierend für Sie selbst sein. Und das überträgt sich unweigerlich auch auf Ihr Pferd. Ein klares Ziel zu verfolgen hilft auch dabei, nicht ständig »das Rad« und sich selbst als Reiter oder Trainer neu erfinden zu wollen. Reiter, die ständig Neues ausprobieren und mal dieser, mal jener Methode nacheifern, können sich nur bedingt reiterlich und im Hinblick auf Ihr Horsemanship weiterentwickeln. Eine gewisse Vorstellung davon, was man für sich und sein Pferd als sinnvoll und notwendig erachtet, sollte jeder Reiter haben. Natürlich ist es wichtig, offen für Neues zu bleiben und sich gegenüber alternativen Lösungsansätzen für (reiterliche) Probleme nicht zu verschließen. Verschiedenes zu testen und auf seine Brauchbarkeit für die eigenen Vorstellungen zu prüfen, schadet keinem Reiter – außer demjenigen, der am Ende den Wald vor lauter Bäumen nicht mehr sieht!

Ein in sich logisch aufgebautes Training trägt außerdem zur Gesunderhaltung des Pferdes bei. Es wird sich immer an seiner körperlichen Reife und inneren Verfassung orientieren und hierauf eingehen. Bei unstrukturiertem Vorgehen kann es dagegen sehr schnell zu Überforderungen kommen.

Das Training beginnt mit dem Satteln bzw. dem Anlegen der »Arbeitskleidung«, wie beispielsweise einem Kappzaum. Schon hier können Sie als Trainer auf die Einstellung Ihres Vierbeiners einwirken. Er weiß genau, dass nun Arbeit angesagt ist. Ob das für ein Pferd bedeutet, dass

Schon beim Putzen und Satteln können Sie viel über die Stimmung Ihres Pferdes erfahren.

Jeanie wartet geduldig, aber interessiert darauf, dass es losgeht.

es jetzt arbeiten muss oder zeigen darf, was es alles kann, liegt ganz bei Ihnen. Nehmen Sie sich schon beim Fertigmachen die Ruhe und Konzentration, die Sie dann auch auf dem Reitplatz von Ihrem Pferd erwarten. Beginnen Sie jedes Training mit diesem fast schon rituellen »Anziehen«, auch wenn Freiheitsdressur oder Round-Pen-Arbeit auf dem Programm stehen. Ihr Pferd kann sich so aufs Arbeiten einstellen und weiß meist schon recht genau, was mit dem ein oder anderen Ausrüstungsgegenstand auf dem Programm steht. Das Seilhalfter: »Juhu, wir machen Clickertraining!« oder der Springsattel: »Jetzt wird's rasant!«.

Die Skala der Ausbildung

Die Skala der Ausbildung – ob nun diejenige der FN, des Westernreitens oder einer anderen Reitlehre – schimmert immer wieder als Richtlinie für gutes Reiten und gute Ausbildung durch. Warum? Sich im Training an der Ausbildungsskala zu orientieren bedeutet, verschiedene Aspekte immer wieder in den Blick zu nehmen, zu überprüfen oder gegebenenfalls zu trainieren, damit die Kommunikation zwischen Pferd und Reiter weiter verfeinert werden kann. Ihr Pferd wird immer durchlässiger, weil es erstens zunehmend besser versteht, was Sie von ihm möchten, und zweitens körperlich immer besser in der Lage ist, Ihren Wünschen zu entsprechen.
Übrigens, die Reihenfolge der einzelnen Punkte in der Ausbildungsskala stellt keine Prioritätenliste dar. Vielmehr fließen stets mehrere Aspekte gleichzeitig in die Arbeit ein. Mit zunehmender Reife und zunehmendem Ausbildungsstand kommen immer mehr Punkte hinzu. Erarbeitet werden sie jedoch Schritt für Schritt und in der Zeit, die das jeweilige Pferd gemäß seinem Charakter und seiner Eignung braucht.

Die Ausbildungsskala der Westernreiter (EWU Ausbildungsskala) orientiert sich an der klassischen Skala, wie sie in ihrer heutigen Form von der FN gelehrt wird. Unterschiede finden sich in den Punkten zur Anlehnung und Versammlung. Auch das westerngerittene Pferd soll sich selbst tragen und versammelt gehen. Im Vordergrund steht jedoch die Nachgiebigkeit und Durchlässigkeit gegenüber den Reiterhilfen, die eine »selbstständige Versammlung« erst ermöglichen.
Der Ausbilder Kurd Albrecht von Ziegner, der selbst an der Entwicklung der Ausbildungsskala

Die Ausbildungsskala

FN Ausbildungsskala	EWU Ausbildunsskala	Trainingsbaum von Zieger	
Versammlung	Absolute Durchlässigkeit	Versammlung; Schwung; Durchlässigkeit	
Geraderichten	Geraderichten	Balance; Geraderichten	
Schwung	Aktivierung der Hinterhand	»An den Hilfen«	
Anlehnung	Nachgiebigkeit	Anlehnung	
Losgelassenheit	Losgelassenheit	Takt; Ungebundenheit	
Takt	Takt	Losgelassenheit	

mitgewirkt hat, hat das System neu überdacht und strukturiert. Sein Konzept vom »Training Tree« hat vor allem in den USA seinen Niederschlag im FN-Dressage Manual gefunden. Die unterschiedliche Bewertung der Reihenfolge von Takt und Losgelassenheit zeigt, dass Beides untrennbar miteinander verbunden ist. Nur ein losgelassenes Pferd, das mit schwingendem Rücken, lockerem Kiefergelenk und Genick sowie aktiv arbeitender Hinterhand vorwärtsgeht, kann Rhythmus und Takt der jeweiligen Gangarten selbstständig halten – die Basis für Balance, Geraderichten und damit Versammlung.
Schleppt sich ein Pferd mühsam vorwärts oder eilt durch die Reitbahn, sind alle anderen reiterlichen Ziele und die weiteren Stufen der Ausbildungsskala nicht zu erreichen! Motiviertes Vorwärtsgehen ist also absolute Grundlage für schonendes, pferdegerechtes und anspruchsvolles Reiten.

Je nach Ausbildungsstand und Reife des Pferdes werden dann in der Arbeitsphase die folgenden Punkte erarbeitet. Die Versammlung, beziehungsweise absolute Durchlässigkeit des Pferdes krönt schließlich die gemeinsame Arbeit. Versammelnde und schwungentwickelnde Phasen sollten sich dabei immer wieder abwechseln. Ein zu einseitiges Arbeiten an der Versammlung überbeansprucht tragende Muskeln, führt zu Ermüdung und schlechtestenfalls zur Verkrampfung der Muskulatur. Grundlage für die Entwicklung von Schubkraft und einer gleichmäßigen Gymnastizierung ist ein geradegerichtetes Pferd. Daher sollte auf diesen Punkt über die ganze Arbeitsphase hinweg ein besonderes Augenmerk liegen.

Die Aufwärm- oder Lösungsphase

Richtiges Aufwärmen hat oberste Priorität! Beachten Sie dabei, dass die Gelenke eines Pferdes sehr viel länger brauchen als die

Muskulatur. Die Gelenkflüssigkeit, sozusagen das Schmiermittel, verteilt sich erst gut in den Gelenken, wenn das Pferd in Bewegung ist. Während Sie an einem kalten Wintertag damit rechnen können, dass sich die Muskulatur Ihres Pferdes innerhalb von zehn Minuten auf Betriebstemperatur erwärmt, gilt das für Sehnen, Bänder und Gelenke mitnichten! Sie brauchen länger, um verschleißfrei arbeiten zu können. Verletzungen der Gliedmaßen sind neben Atemwegserkrankungen die häufigste Ursache für den Ausfall eines Reitpferdes. Durch sachgemäßeren Umgang und Rücksichtnahme gegenüber dem Pferd, statt gegenüber der Zeit, die manche Reiter dauernd im Nacken zu haben scheinen, wären viele solcher schwerwiegender Verletzungen vermeidbar. Planen Sie doch ruhig einen kleinen Schrittausritt vor dem Hallentraining ein oder gehen Sie eine Runde spazieren! Das tut Ihnen beiden körperlich und seelisch gut! In dieser Zeit können Sie den Alltag abstreifen, das Zurückliegende reflektieren und sich mental auf das Bevorstehende einstellen. Oder gönnen Sie Ihrem Pferd ein Warm-up auf dem Laufband, in der Führanlage oder mit einer netten Reitbeteiligung – je nachdem, was Ihnen zur Verfügung steht – während Sie das Futter zurechtmachen, ausmisten oder ein paar Dehnübungen machen.

Nur ein innerlich und äußerlich, physisch und psychisch gelöstes Pferd ist auch leistungsfähig.

Wie wär's mit einem Spaziergang zum Aufwärmen, zur Entspannung und zur Fokussierung auf die kommende Reitstunde.

Im Sattel, vor der Kutsche oder an der Longe soll es nun möglichst flüssig weitergehen. Die ersten beiden Stufen der hier gezeigten Ausbildungsskalen sollten die Lösungsphase ausmachen (dunkelgrauer Abschnitt). Gelöst ist ein Pferd, das beim Reiten lernt loszulassen. Als Losgelassenheit (Punkt zwei der Ausbildungsskala FN) wird die psychische und physische Entspannung eines Pferdes bezeichnet. Sie ist der Garant dafür, dass sich die Muskulatur an Rücken, Bauch, Oberhals und Schultergürtel dehnt und die Durchblutung verbessert wird. Nur ein lockerer und gut versorgter Muskel ist überhaupt leistungsfähig und trainierbar. Um die optimale Versorgung der Muskulatur zu gewährleisten, ist ein steter Wechsel zwischen Anspannung und Entspannung im Training entscheidend. Ein zusammengezogener, verkrampfter Muskel kann sich weder an- noch entspannen, denn er wird nicht mehr ausreichend durchblutet. Das führt zu Schmerzen, die sich gern in scheinbarer Faulheit äußern. Diese Verspannung kann sich bis in die Zwischenrippenmuskulatur ausbreiten. Im Training ist es daher wichtig, zwischendurch immer wieder Pausen und Schrittphasen am langen Zügel einzulegen und die Dehnungsbereitschaft Ihres Pferdes nach vorwärts-abwärts zu überprüfen. Überfordern Sie die Muskulatur, wird sich das spätestens dann zeigen: das Pferd wird sich festhalten, hinter dem Zügel verkriechen oder gar pullen. Das Pferd verkrampft sich in einer Schonhaltung, die wiederum andere Muskeln, Sehnen oder Bänder überlastet.

Nicht zu unterschätzen und von vielen Horsemanship-Trainern immer wieder betont wird auch die psychische Komponente der Losgelassenheit. Wird ein Pferd vorwärts-abwärts geritten, befindet sich sein Kopf genau in der Haltung, in der es ihn auch beim Dösen und Herumschlendern trägt. Da jede Körperhaltung immer mit einer bestimmten psychischen Verfassung einhergeht – und vice versa –, kann also das Einnehmen einer entspannten, gelösten Haltung eine damit normalerweise einhergehende geistige und seelische Verfassung auslösen. Das Pferd befindet sich somit in einer optimalen Lage, um Informationen zu verarbeiten, sie zu akzeptieren und zu verstehen.

Wenn Sie die Lösungsphase in jedem Training ernst nehmen, ist das meist schon die Lösung für viele Probleme. Dabei ist es sinnvoll, bereits an der Anlehnung und Nachgiebigkeit zu arbeiten, denn nur wenn sich das Pferd nicht gegen die Hilfengebung des Reiters wehrt, kann es sich auch entspannt bewegen.

Die Lösungsphase sollte bereits abwechslungsreich gestaltet werden und sich nicht auf bloßes Rundendrehen beschränken – auch wenn natürlich das Reiten großer Wendungen und fließender Übergänge geboten sind. Im lockeren Trab und Galopp können Sie das Herz-Kreislaufsystem Ihres Pferdes entweder im Gelände oder beim Reiten von Zirkeln, Schlangenlinien, aber auch Schenkelweichen, Viereck vergrößern und verkleinern sowie Stangenarbeit auf Touren bringen. Außerdem können Vorhandwendungen oder kleine Sprünge über Cavaletti eingebaut werden.

Investieren Sie je nach Pferd ungefähr 20 Minuten in diesen Arbeitsschritt. Bei Jung- oder Problempferden kann diese Phase durchaus das

Kommt Ihr Pferd in der Entspannungsphase zu taktreinen Bewegungen und einer gut auf die Arbeitsphase vorbereiteten Muskulatur, also zu Losgelassenheit, so haben Sie den größten Beitrag geleistet, um Ihr Pferd für alles Weitere zu motivieren.

ganze Training in Anspruch nehmen. Ziel dieser wichtigen Trainingsphase ist ein Pferd, das den Rücken hergibt, abschnaubt, den Hals fallen lässt und mit locker pendelndem Schweif insgesamt Zufriedenheit unter dem Reiter ausstrahlt.
Aus dieser Losgelassenheit resultiert im weiteren Verlauf der Ausbildung bei entsprechend korrekter Hilfengebung die Durchlässigkeit gegenüber den Reiterhilfen.

Die Arbeitsphase

Die an die Lösungsphase anschließende Arbeitsphase ist die Zeit, in der Sie nun systematisch die weiteren Punkte der Ausbildungsskala in den Blick nehmen: Sie erarbeiten Neues, festigen Bekanntes, gymnastizieren, bauen Muskulatur auf, bieten Erfolgserlebnisse durch gemeinsam gemeisterte Herausforderungen, stärken das Selbstbewusstsein Ihres Pferdes. Sie bieten ihm die Gelegenheit, sich zu bewegen, zu beweisen und konditionell zu steigern. Ganz schön viel, was Ihnen da abverlangt wird.
Ein Ziel der Arbeitsphase, das schon in der Lösungsphase angebahnt wird, ist eine aktivierte Hinterhand. Bei Dressurreitern wird auf das Erarbeiten schwungvoller, kadenzierter Gänge Wert gelegt. In der Westernreitlehre dagegen sollen die Gänge zwar schwungvoll, aber eher flach und effektiv sein. Beiden Reitweisen ist jedoch gemein, dass die Hinterhand vermehrt zur Lastaufnahme befähigt werden soll, so dass im weiteren Verlauf der Ausbildung die Tragkraft weiterentwickelt wird.

Die Versammlung beziehungsweise absolute Durchlässigkeit des Pferdes krönt schließlich die gemeinsame Arbeit. Versammelnde und schwungentwickelnde Phasen sollten sich immer wieder abwechseln. Ein zu einseitiges Arbeiten an der Versammlung überbeansprucht tragende Muskeln, führt zu Ermüdung und schlechtestenfalls zur Verkrampfung der Muskulatur. Denn Grundlage der Tragkraft eines jeden Pferdes ist nun mal die Schubkraft der Hinterhand. Ohne sie hält das Pferd den Rücken fest, statt ihn wie gewünscht aufzuwölben. Trotz vielleicht schön in der Senkrechten gehaltenen Nasenlinie, ist man von einer tatsächlichen Versammlung des Pferdes weit entfernt.

Nicht weniger wichtig für eine gleichmäßige Gymnastizierung ist ein geradegerichtetes Pferd. Daher sollte auf diesen Punkt über die ganze Arbeitsphase hinweg ein besonderes Augenmerk gelegt werden.

Die Exterieurbedingungen spielen eine entscheidende Rolle dabei, welche Form die Versammlung zeigt. So ist bei Dressur- und Springpferden die Versammlung eng verbunden mit dem Begriff der relativen Aufrichtung. Aus einer abgesenkten Hinterhand, die aus der Beugung von Hüft-, Knie- und Sprunggelenk resultiert, ergibt sich das Bild einer optisch angehobenen Vorhand. Problematisch wird es, wenn der Reiter versucht, diese Form lediglich über die Einwir-

Besonders steifen Pferden tut es manchmal gut, wenn sie vor dem Traben zunächst galoppieren dürfen. Probieren Sie aus, was Ihrem Pferd liegt und ihm Spaß macht.

Über die Entwicklung von Schub- und Tragkraft kommt ein Pferd schließlich zur Versammlung.

kung der Reiterhand zu erzwingen. Die Versammlung eines Pferdes soll dagegen das nahezu »beiläufige« Geschenk einer fundierten Ausbildung von Pferd und Reiter sein, die berücksichtigt, dass das Geheimnis wahrer Entfaltung des Potentials eines Pferdes in der Freiwilligkeit seiner Mitarbeit liegt!

In der Arbeitsphase braucht Ihr Pferd regelmäßige Pausen, um das Gelernte zu verarbeiten. Auch wenn nicht jedes Pferd gleich den Kopf senkt und in sich zu gehen scheint, sondern lieber in der Gegend herumschaut, braucht es diese Phasen der Entspannung, in denen nichts von ihm verlangt wird. Gerade nach kognitiv herausfordernden und neuen Übungen und Lektionen ist eine kurze Verschnaufpause sinnvoll für den Lernprozess. Auch Sie können in dieser Zeit durchatmen und überlegen, wie es jetzt sinnvoll weitergeht.
Westernreiter favorisieren Ruhepausen, in denen das Pferd ruhig in der Mitte der Bahn steht. Dahinter steckt die Logik, dass ein Pferd, dem das Schrittgehen als Verschnaufpause angeboten wird, diese wichtige Gangart nicht mehr als »Arbeitstempo« wahrnimmt und sich sein Schritt verschlechtert. Außerdem soll das Pferd lernen, die Pausen zur vollständigen Entspannung zu nutzen und demnach ganz zur Ruhe kommen. Englischreiter bevorzugen Pausen im Schritt. Dabei muss jedoch unbedingt auf ein fleißiges, aber gelöstes Vorwärts geachtet werden. Insgesamt umfasst die Arbeitsphase je nach Pferd, Leistungsstand und Ziel des Trainings zehn bis maximal 30 Minuten.

Junge Pferde finden unter dem Reitergewicht zur Balance, werden trittsicher und unerschrockener gegenüber vermeintlichen Schrecken, lernen den Reiter als verlässlichen Partner schätzen und ihre Umwelt als ungefährlich kennen. Gerade für eine Remonte sind Ausritte also von unschätzbarem Wert.
Pferde, die auf dem Platz eher lustlos ihre Runden drehen und denen es an Schwung bei der Arbeit fehlt, profitieren ebenfalls: Verlegen Sie das Training ab und zu ins Gelände und Sie werden erleben, wie Ihr Pferd hier in der Regel sehr viel lauffreudiger und reaktionsschneller mitarbeitet. Natürlich muss sich jedes Pferd erst an das vielleicht ungewohnte Trainingsterrain gewöhnen. Ein Pferd, das bisher im Gelände nur geradeaus geritten wurde oder Ausritte nur selten geboten bekommt, wird anfangs eher weniger durchlässig auf Ihre Hilfengebung

reagieren. Auch Sie selbst sind möglicherweise unkonzentrierter, als bei der Arbeit auf dem Reitplatz. Bleiben Sie jedoch dabei und beginnen Sie mit ruhigen Arbeitsphasen im Gelände, so werden sich Ihnen die Vorteile bald offenbaren. Kein Pferd, das man nicht an die Arbeit draußen gewöhnen könnte!

Gymnastizierung ist nicht notwendigerweise an eine Verwendung unter dem Sattel gebunden.

Aber auch Reitplatz und -halle können so vielfältig genutzt werden, dass Langeweile keinen Platz im Training findet. Dabei ist es auch sinnvoll, sich über den eigenen Tellerrand hinaus weiterzubilden und bei anderen Reitsportdisziplinen abzuschauen. Warum nicht mit einem englisch gerittenen Pferd Westernlektionen wie den Rollback erarbeiten? Das ist eine Lektion, die den meisten Pferden Spaß macht und sie so richtig in Schwung bringt. Nebenbei wird auch noch die Hinterhand gekräftigt und die Rittigkeit bei Übergängen gefördert. Oder wie sieht es mit kleinen Sprüngen aus? Nur etwas für Springpferde? Mitnichten! Jedes Pferd profitiert – sofern es nicht durch eine Krankheit wie Hufrollenentzündung oder Arthrose eingeschränkt ist – von kleinen und größeren Hüpfern. Sie fordern Pferde geistig und körperlich gleichermaßen heraus, tragen zur Dehnung der Oberlinie, Kräftigung von Hinterhand- und Bauchmuskulatur sowie zur Selbstständigkeit unter dem Sattel bei. Wagen Sie sich als Anfänger aber bitte nur unter professioneller Anleitung an größere Hürden!

In der Westernreitweise werden meist Pferde eingesetzt, die schon aufgrund ihres Gebäudes mit dem typischerweise tief angesetzten Hals kaum eine Aufrichtung in klassischer Form anbieten können.

Trailaufgaben, Elemente aus den Gelassenheitsprüfungen der FN und Schreck- oder Clickertraining bereichern ebenfalls die dressurmäßige Arbeit. Sie müssen dafür ja keine ganze Reit-

stunde opfern, sondern können die Aufwärm- und/oder Abwärmphase für neue Impulse nutzen, anstatt gleichförmige Runden zu drehen. Die Arbeit an der Hand oder dem Langzügel bereichert das Training ebenfalls. Zumal auch schwächere Reiter in diesen Bereichen Lektionen erarbeiten können, die sie auf dem Pferd nicht so bald oder gar nicht erreichen könnten. Allerdings ist es ratsam, diese Trainingsformen nicht allein autodidaktisch ins eigene Repertoire aufzunehmen.
Jedenfalls gilt: Je vielfältiger Körper und Sinne Ihres Pferdes im Training angesprochen, gefordert und gefördert werden, desto umfassender wird es ausgebildet. Ihre gemeinsame

Handpferdereiten bringt Abwechslung und motiviert gleich zwei Pferde zu Leistung.

Arbeit wird so auf ein solides Fundament gestellt, das sich nicht so leicht erschüttern lässt. Damit ist einerseits die Beziehung zwischen Ihnen und Ihrem Pferd gemeint und andererseits dessen Gesundheit. Denn körperlicher Verschleiß ist meist eine Folge von einseitiger Belastung, ständige Machtkämpfe die Folge von geistiger Unterforderung.

Wundermittel Abwechslung

Es ist eigentlich kein großes Geheimnis und wird in der Fachliteratur immer wieder heraufbeschworen: Um die Motivation eines (Reit)Pferdes zu erhalten, braucht es vor allem Eines – Abwechslung! Und nicht nur hinsichtlich der Arbeitsfreude profitieren Pferd und Reiter, sondern ein vielseitiges Trainingsprogramm mit verschiedenen Anreizen und Herausforderungen, die sowohl unterschiedliche kognitive wie auch körperliche Impulse setzen, fördern ein Pferd ganzheitlich. Abwechslungsreiches Training macht also vielseitig.
Ganz besonders am Herzen liegt mir dabei, dass Pferde regelmäßig ins Gelände gehen dürfen.

Die Abwärmphase

Ob das Training Ihrem Pferd gut getan hat, zeigt sich spätestens in dieser letzten, der Abwärmphase. Dieser Schritt wird gern vernachlässigt, darf aber nicht unterschätzt werden.
Die Muskulatur sollte nicht zu schnell auskühlen nach der Arbeit, sondern langsam abgewärmt werden. Sonst kann es zu Verspannungen kommen, die jede Arbeitsfreude hemmen. Schon in der Arbeitsphase kann abschließend an ruhigeren Lektionen gearbeitet werden, damit Puls und Atmung langsam heruntergefahren werden und Ihr Pferd bereits etwas abkühlt.
Auch nach einem intensiven Geländeritt ist es

wichtig, die letzte Viertelstunde im Schritt zu planen, damit das Pferd nicht völlig verschwitzt im Stall ankommt. Bei den Militärreitern war es übrigens üblich, das eigene Pferd nach dem Geländetraining eine halbe Stunde zu führen. So tun beide etwas gegen einen möglicherweise drohenden Muskelkater.

Je nachdem, was Sie in motivationaler Hinsicht, aber auch generell bei der Arbeit mit Ihrem Pferd gern verbessern würden, bieten sich verschiedene Trainingsschwerpunkte und -ansätze an. (Siehe Tabelle auf der Folgeseite.)

Kurz gefasst: Wie kann ich motivierendes Training gestalten?

1. Geben Sie Ihrem Pferd die Zeit, die es braucht, um das Training unbeschadet und ohne körperliche Leiden zu meistern: Es muss ausreichend lang auf- und abgewärmt und darf nicht erschöpft werden. Passende Ausrüstung sollte eine Selbstverständlichkeit sein.

Mit Geduld und Konsequenz lernt es, sich im Gelände genauso willig auf die Kommunikation mit dem Reiter oder Trainer einzulassen, wie in einer Umgebung, die weniger Ablenkung bietet.

Kleine Sprünge lockern Training, Pferd und Reiter auf – in jeder Reitweise.

Das hilft für ...

mehr Geschick	mehr Fleiß/Vorwärts	mehr Kraft	mehr Begeisterung	mehr Gelassenheit
· Bodenarbeit · Trailaufgaben · Stangenarbeit · Cavalettiarbeit · Arbeit an der Hand	· Stangenarbeit · Geländetraining · Intervalltraining · Handpferdereiten	· Cavalettiarbeit · kleine Sprünge · Gelände-training in hügeligem Terrain · Freispringen	· Clickertraining · Horse-Agility · Schrecktraining · Handpferdereiten	· Schrecktraining · Bodenarbeit · Spaziergänge · Handpferdereiten

2. Verfolgen Sie ein klares Konzept! Das hilft auch Ihrem Pferd. Eigene Zielvorstellungen, die Sie nicht dauernd im Laufe des Trainings ändern, helfen dem Pferd gegenüber fair zu bleiben. Eine strukturierte Phasierung jeder Trainingseinheit verhindert, dass wichtige Zwischenschritte, Pausen und logische Übergänge von einer zur anderen Lektion ausgelassen werden. Orientieren Sie sich dabei an einer der Ausbildungsskalen!

3. Abwechslung, Abwechslung, Abwechslung! Bleiben Sie kreativ und offen für Neues, ohne eine verwirrende Vielfalt in Ihr Trainingskonzept einzubauen. Geländeritte helfen durch manches Motivations- und Trainingstief.

Gestalten Sie ein Training, das Ihr Pferd (innerlich) zum Lächeln bringt!

Trainings- und Leistungszustand des Pferdes erkennen und verbessern

Leistungsanforderung und -steigerung

Die Wichtigkeit der Physis dafür, dass sich ein Pferd überhaupt motiviert zeigen kann, wurde schon erwähnt. Die Kondition und die Leistungsfähigkeit der Muskulatur geben den Ton an im täglichen Training. Kraft und Ausdauer müssen demnach systematisch und schonend aufgebaut und verbessert werden, damit unser Pferd so fleißig gehen kann, wie wir uns das erträumen.

Das Intervalltraining

An dieser Stelle möchte ich Sie einladen, mit Ihrem Pferd ein individualisiertes Intervalltraining in Angriff zu nehmen. Diese Trainingsform ist im Humansport weit verbreitet und wird zunehmend auch in der Arbeit mit Pferden angewendet. Im Wortsinn können Sie so in kleinen Schritten zu mehr Fitness und weniger Triebigkeit bei Ihrem Tier gelangen. Durch individualisierte Herangehensweise bietet ein durchdachtes, schonendes Intervalltraining für jedes Pferd Möglichkeiten zur körperlichen Weiterentwicklung.

Die Trainingshäufigkeit und -intensität muss sich nach den Bedürfnissen des Pferdes richten.

Der Begriff bedeutet, dass sich Belastungs- und Erholungsphasen (Intervalle) im Training abwechseln. Die Erholungsphasen werden in Dauer und Intensität dabei so gestaltet, dass der Organismus zur Ruhe kommt, sich aber nicht vollständig erholen kann. Durch diese unvollständige Erholung wird der Trainingsreiz gesetzt und der Trainingseffekt erzielt. Die Kraftausdauer kann so verbessert werden.

Überreizen Sie die Phasen der Belastung zu Ungunsten der Erholung, überfordern Sie Ihr Pferd schnell. Auf eine genaue Planung und akribische Vorgehensweise können Sie hierbei also nicht verzichten. Zumal eine kurze, aber zu hohe Belastung bei einem ungenügend trainierten Pferd natürlich auch zu Schädigungen des Bewegungsapparates führen kann.

Studien im Bereich des Humansports haben gezeigt, dass wenige Minuten (intensives!) Intervalltraining pro Tag dieselben Ergebnisse erzielen kann wie ein 90-minütiges (moderates!) traditionelles Ausdauertraining. Das Intervalltraining gilt deshalb heute als die effektivste Trainingsmethode, um die Leistungsfähigkeit zu verbessern. Wie motivierend!

Vier verschiedene Parameter, die auf das individuelle Leistungsvermögen angepasst werden können, spielen eine wichtige Rolle: die Belastungslänge, also die Ausdehnung der Phasen, in denen das Pferd Leistung erbringen muss; die Pausenlänge zwischen den Belastungsphasen; die Häufigkeit der Belastungsphasen innerhalb einer Trainingseinheit und das gewählte Tempo.

Bei der Planung eines Intervalltrainings für Ihr Pferd sollten Sie zunächst überlegen, ob Sie es an der Longe oder im Sattel, auf dem Platz oder im Gelände durchführen möchten. Intervalltraining hat dann Sinn, wenn man es in den ersten beiden Monaten mehrmals – mindestens aber zwei Mal

pro Woche und nach dieser Grundkonditionierung etwa einmal pro Woche, ins Programm aufnimmt. Deshalb spielt bei einer Durchführung an der Longe vor allem die Überlegung eine Rolle, wie man dies besonders gelenkschonend gestalten kann. Denn das Kreiseln auf dem Zirkel stellt eine besondere Belastung für Sehnen und Gelenke der inneren Gliedmaßen dar. Es ist daher unabdingbar, dass Ihr Pferd bereits schonend und gymnastizierend longiert werden kann. Das bedeutet, dass Biegung und Stellung über die Einwirkung per Kappzaum und Peitsche oder Seil hergestellt werden und das Pferd geradegerichtet und ausbalanciert auf dem Zirkel gehen kann – in allen drei Grundgangarten. Zwar verbessern sich mit zunehmendem Longentraining Balance und Spurtreue, Biegung und Stellung, aber nur, wenn daran von Anfang an konsequent gearbeitet und eine korrekte Körperhaltung immer wieder hergestellt wird. Entsprechende Vorübungen an der Hand sind daher zielführend.
Außerdem sollte Longentraining grundsätzlich nicht länger als fünfzehn, maximal zwanzig Minuten dauern.
Unter dem Reiter kann vermehrt geradeaus geritten werden, vor allem im Gelände. Somit ist die Belastung für den Bewegungsapparat reduziert. Doch muss auch hier darauf geachtet werden, dass das Pferd im Sinne der Ausbildungsskala korrekt geritten und nicht einfach eilig durch die Bahn oder über die Wald- und Wiesenwege gescheucht wird! Losgelassenheit, ein schwingender Rücken, Taktreinheit, Schwung und Geraderichten sind Punkte, die in den Belastungsphasen unbedingt gegeben sein und im Vorfeld erarbeitet werden müssen! Nur dann bringt Intervalltraining den gewünschten Nutzen und schadet nicht der Rittigkeit oder gar der Pferdegesundheit.

Anders als beim Intervalltraining im Humansport, muss beim Pferd insbesondere darauf geachtet werden, beide Seiten gleichmäßig zu trainieren. Manche Ausbilder plädieren dafür, die jeweils »schlechtere«, also steifere Seite stärker zu gymnastizieren und zu trainieren, als die vermeintlich »bessere« (hohle) Seite. Doch kann es bei dieser Art Training schnell zu Überlastung und erst recht zu Verkrampfung des Pferdes kommen. Seien Sie deshalb akribisch und fordern Sie beide Hände exakt gleich! Auch wenn Ihnen das zu technisch erscheint, ist es tatsächlich zum Wohle des Pferdes, einen Zeitstopper zu benutzen, bei dem verschiedene Intervalle eingestellt werden können. Denn beim bloßen Rundenzählen, zum Beispiel an der Longe, kommen Sie schnell durcheinander. Außerdem gehen die meisten Pferde kein exakt gleiches Grundtempo, wodurch es zu Ungenauigkeiten in der Belastungsdauer kommt. Neben dem positiven Effekt auf die Fitness verbessern sich so auch das Gangbild, die gleichmäßige Bemuskelung und die Geschmeidigkeit.

Es empfiehlt sich die Benutzung einer Stoppuhr mit Intervallzeitgeberfunktion.

Achten Sie darauf, dass Ihr Pferd in jeder Gangart fleißig und taktrein vorwärts geht, aber nicht eilt. Geht es zu langsam, wird die Muskulatur nicht optimal belastet. Geht es zu schnell, verkrampft sie.
Vor und nach dem Intervalltraining sollte sich das Pferd erholen dürfen. Das gilt auch dann, wenn Sie subjektiv das Gefühl haben, das Ganze sei nicht anstrengend für Ihr Pferd gewesen. Das Spannende an dieser Trainingsform ist gerade, dass das Pferd nicht bis an die Erschöpfungsgrenze getrieben, sondern schonend aufgebaut wird. Deshalb ist Schwitzen auch kein anzustrebendes Indiz für ein besonders effektives Training. Der Tag danach sollte einem entspannten Spaziergang, lockerer Bodenarbeit oder einem ausgiebigen Weidegang gewidmet werden. Denn nur eine erholte Muskulatur kann wachsen. Um sich regenerieren zu können, brauchen Muskeln etwa 48 Stunden.
Kombiniert werden können bei weniger trainierten Pferden fünf bis sechs Belastungsphasen mit sich langsam steigerndem Anspruchsniveau. Fitte Pferde vertragen auch bis zu acht Tempophasen. Dabei sollten die Erholungsphasen anfangs genauso lang gestaltet werden wie die Belastungsintervalle. Mit zunehmender Kondition und Bemuskelung können dann die Erholungsintervalle um maximal die Hälfte der Dauer verkürzt werden.

Jede der vorgeschlagenen Trainingsphasen sollte über mehrere Wochen hinweg mindestens einmal, besser aber mehrmals wöchentlich durchgeführt werden. Steigern Sie die Anforderung in sehr kleinen Schritten bis zur nächsten, in der Übersicht aufgeführten Trainingsphase.

Beispiel für ein Intervalltraining

Trainingsphase	Intervalle	Wiederholungen	Ergänzungen
geringe Grundkondition	1 Min. fleißger Trab/ 1 Min. Schritt	8	Stangengassen einzelne Cavaletti
mittlere Grundkondition	1 Min. fleißiger Trab / ½ Min. Schritt	10	Stangenfächer, Cavaletti
	1 Min Galopp / 3 Min. Schritt	3	
gute Grundkondition	2 Min. fleißiger Trab / ½ Min Schritt	10	Cavaletti, einzelne Sprünge
	4 Min. Galopp / 3 Min. Schritt	3	einzelne Cavaletti

Stretching kann helfen, verspannte Muskulatur zu dehnen. Verlangen Sie dabei aber immer nur so viel, wie das Pferd freiwillig und ohne Einwirkung von außen anbietet.

Denken Sie an häufige Handwechsel an der Longe und unter dem Sattel.

Nicht aus dem Blick verlieren: Die Leistungsfähigkeit

Auch wenn Sie kein Intervalltraining durchführen möchten, ist es wichtig, dass Sie ein besonderes Gespür für die Leistungsfähigkeit Ihres Pferdes entwickeln und auf sein Wohlergehen achten. Fragen Sie sich bei Lektionen, an denen Sie einfach nicht weiterzukommen scheinen, ob Ihr Pferd dazu körperlich überhaupt in der Lage ist. Dabei spielen Aspekte des Exterieurs genauso eine Rolle, wie zum Beispiel Muskelverspannungen und -schwächen. Durch ergänzende Massagen und TTouchs können ebenso leistungssteigernde Effekte erzielt werden. Da es dazu einschlägige und aussagekräftige Literatur gibt, möchte ich mich mit dem Hinweis begnügen, dass eine vertiefende Auseinandersetzung mit dem Thema Pferdemassage sehr gewinnbringend und wohltuend für Sie beide sein kann.

Kurz gefasst:
Wie muss leistungssteigerndes Training aufgebaut sein, damit mein Pferd davon profitiert?

1. Jedes Training, das eine Leistungssteigerung beabsichtigt, kann vom Sattel, an der Longe oder vom Kutschbock aus durchgeführt werden. Wichtig ist dabei vor allem am Anfang die Regelmäßigkeit und das planvolle Vorgehen – am besten mit Stoppuhr, um an der Longe und auf dem Reitplatz immer beide Seiten gleichmäßig zu trainieren.

2. Zwischen zwei Trainingseinheiten sollte mindestens ein Tag Pause liegen, um die Muskulatur zu regenerieren, denn nur entspannte Muskeln sind leistungsfähig und können wachsen.

3. Beim Intervalltraining wird zwischen zwei Belastungsphasen jeweils eine Erholungsphase eingeschoben, die mindestens halb so lang ausfallen sollte. In dieser Phase soll sich das Pferd regenerieren, ohne sich vollständigen zu erholen. Für ein gut trainiertes Pferd sind acht Belastungsphasen absolut ausreichend!

Über- und Unterforderung

In diesem Buch war immer wieder die Rede davon, dass die Arbeit und die Anforderungen an das Pferd von dessen individuellen Kapazitäten abhängig gemacht werden müssen. Über- und Unterforderung bewirken jeweils das Gegenteil von Motivation. Vielmehr sind einerseits eben Faulheit, andererseits Verhaltensauffälligkeiten wie Aggressivität, Ungehorsam und Arbeitsverweigerung die Folgen – und zwar in beiden Fällen.

Es gilt also: Übereifer bremsen! Langeweile vermeiden!
Doch ist es manchmal gar nicht so leicht, die Grenzen zu erkennen und darauf richtig zu reagieren.

Wie viel? Wie oft? Wie lange?

Man kann davon ausgehen, dass ein Pferd sich nur etwa 20 Minuten am Stück konzentrieren kann. Danach sinkt seine mentale Leistungskurve. Ziehen Sie die Übungseinheiten daher nicht zu sehr in die Länge. Allerdings gilt auch andersherum, dass Sie – gemessen an der Länge eines Tages – nur etwa fünf Prozent Ihrer und seiner Zeit gemeinsam verbringen. In dieser Zeit sollten Mensch und Pferd 100-prozentig bei der Sache und aufeinander konzentriert sein!
Unserem Pferd Aufmerksamkeit zu schenken ist nichts anderes, als ihm Respekt zu erweisen und die Bereitschaft zu signalisieren, sich einzufühlen. Geben Sie Ihrem Pferd das Gefühl, ganz bei ihm zu sein, dann kann es ruhig und kooperativ mitarbeiten!

Am Anfang nehmen Sie am besten eine Uhr mit auf den Sandplatz. Später werden Sie die Zeit im Gefühl haben und auch an Ihrem Pferd erkennen, wann es an seine geistigen Grenzen stößt – bis zu diesem Punkt soll es im Sinne der Motivation möglichst nicht kommen.
Trainieren Sie, wenn Sie Freude daran haben,

Jederzeit die volle Aufmerksamkeit bei uns – das wünschen wir uns von unserem Pferd. Dann sollten wir ihm diese ebenfalls zukommen lassen!

lieber zweimal am Tag ein bisschen, als einmal stundenlang.
Diese 20-Minuten-Regel bezieht sich auf diejenigen Übungen, bei denen Ihr Pferd sich kontinuierlich konzentrieren und aufmerksam mitarbeiten oder hohe körperliche Leistungen in konzentrierter Form erbringen muss. So fordern zum Beispiel Springtraining, intensives Dressur-, Reining- oder Trailtraining, Zirkuslektionen, Bodenarbeit oder das Freispringen die ununterbrochen volle Konzentration Ihres Pferdes. Beim Spazieren oder Geländereiten, aber auch bei der Vorbereitung auf einen Distanzritt können Sie diesen Zeitrahmen beliebig vergrößern, denn die geistige Leistung steht hier im Hintergrund – vielmehr müssen Sie darauf achten, Ihr Pferd entsprechend konditionell langsam aufzubauen. Muten Sie Ihrem Pferd auch nicht unbedingt mehr als fünf Lektionen auf einmal zu. Dabei können zwei Lektion zum Beispiel aus dem alten Repertoire stammen, eine Übung kann neu begonnen werden und zwei Lektionen, die noch nicht perfekt sitzen, lassen sich auch noch einbauen – maximal!
An der Longe ist es zu empfehlen, mit etlichen Handwechseln nicht länger als 15 Minuten zu arbeiten. Gelenke, Sehnen und Bänder werden hier stark beansprucht. Das gilt vor allem bei wenig gymnastizierten Pferden, engen Longierzirkeln und ungünstigen – zu harten oder zu tiefen – Böden.
Wie oft ein Pferd in der Woche gearbeitet werden sollte, ist ein heiß diskutiertes Thema in jedem Reitstall. Jeden Tag? Oder reicht ein »Sonntagsausflug« einmal in der Woche?
Eine pauschale Antwort will dieses Buch nicht geben, denn immer müssen sämtliche Begleitumstände in die Beurteilung einbezogen werden. Wenn Sie eben nicht öfter als ein- bis zweimal in der Woche mit Ihrem Pferd arbeiten

Manchmal kommt Vieles zusammen, dann muss man seine eigenen Kräfte gut einteilen.

können, weil Familie, Beruf und andere Verpflichtungen es nicht zulassen, warum sollten Sie sich dann an den anderen fünf Tagen Vorwürfe machen? Ihr Pferd wird sich an diesen Rhythmus genauso gewöhnen, wie an ein tägliches Arbeitsprogramm. Allerdings gilt das nur, wenn die Rahmenbedingungen stimmen.

So gehört unabdingbar regelmäßiger und möglichst ausgiebiger Weidegang zur Aufrechterhaltung einer gewissen Grundkonstitution. Pferde, die viel und lange rumstehen (das ist z.B. auch in einer Zweiergruppe der Fall), bauen nicht nur konditionell ab und werden steif, sondern häufig auch faul und im schlimmsten Fall aggressiv.

Passen Sie außerdem die Anforderungen dem Leistungs- und Trainingsstand an! Wenn Sie nur zweimal in der Woche die Zeit für ein ausgiebiges Beschäftigungsprogramm finden, dann darf das kein dreistündiger Kutschenausflug werden. Im Gegenteil muss hierauf vorsichtig und mit einem strukturierten Trainingsplan hingearbeitet werden. Um genug Fitness für lange Ausfahrten oder anstrengendes Training unter dem Sattel zu haben – beispielsweise mit intensiven Versammlungsphasen – muss Ihr Pferd schon wenigstens drei- bis fünfmal in der Woche ausgiebig gearbeitet werden.

Muss ein Pferd krankheitsbedingt länger pausieren, starten Sie wieder bei den Grundlagen. Ein solches vorsichtiges Aufbautraining beansprucht einen mindestens so langen Zeitraum, wie die Pause umfasst hat.

Zeichen von Über- oder Unterforderung

Insgesamt ist ein gut trainiertes und regelmäßig beschäftigtes Pferd meist gesünder und im Verhalten ausgeglichener als ein nur selten bewegter Artgenosse. So neigen beispielsweise sehr wenig belastete Tiere öfter zu Atemwegsbeschwerden als gut trainierte Pferde, denn die regelmäßige Bewegung stellt auch die Bronchien weit. Ebenso sind Sehnen und Gelenke weniger von Verschleiß betroffen, da Belastungen durch die gut trainierten Muskeln aktiv abgefedert werden. Ist ein Pferd gesund und körperlich belastbar, so deutet das also auch darauf hin, dass es optimal gefordert wird.

Ob sich ein Pferd über- oder unterfordert fühlt, kann man mitunter an seinem Verhalten feststellen. Unterforderte Pferde neigen dazu, frech zu werden, zu schnappen, aus Langeweile Dummheiten anzustellen oder auszubüchsen. Auch faule Pferde sind meist unterfordert und brauchen mehr Unterhaltung und Abwechslung in ihrem Alltag.

Im täglichen Training erkennen Sie Überforderung leicht daran, dass eine Übung plötzlich nicht mehr gelingt, sich das Pferd versteift oder bei der Stangenarbeit häufiger an den Stangen anstößt. Reißt es wiederholt die Hindernisse oder tut sich mit einer Dressurlektion immer schwerer, statt leichter in der Hand und am Schenkel zu werden, ist es allerhöchste Zeit aufzuhören! Dann hilft nur noch eine für das Pferd besonders leichte Übung als positiver Schluss oder ein kleiner Ausritt zur Entspannung. Sonst verderben Sie sich all das, was Sie bis dahin mühsam erarbeitet haben – das Vertrauen Ihres Pferdes, seine Geschmeidigkeit, Durchlässigkeit und Losgelassenheit und vor allem seine Motivation, mit Ihnen zu arbeiten.

Am Ende des Trainings ist Zeit, Bilanz zu ziehen. Entkräftendes Training ist Gift für die Motivation, denn das bedeutet physischen Stress: Da ein überanstrengtes Pferd nicht mehr in der Lage ist, zu fliehen, teilt es sich seine Kräfte normalerweise so ein, dass es immer noch auf eine Energiereserve zurückgreifen kann. Denken Sie an die Bedürfnispyramide des ersten Kapitels! Ob das Training zu anstrengend war – ebenfalls ein Faktor, der wenig Lust auf mehr

Gähnt ein Pferd nach dem Reiten ist das ein Zeichen dafür, dass es konzentriert gearbeitet hat.

macht bei Ihrem Pferd –, können Sie am besten feststellen, wenn Sie Puls und Atmung kontrollieren. Der Ruhewert der Atmung liegt bei acht bis 16 Zügen pro Minute, der Puls bei 28 bis 40 Schlägen. Gemessen wird der Puls am unteren Rand des linken Unterkieferasts, wo der gerade Teil in den runden übergeht. Eine halbe Stunde nach Ende der Belastung sollte die Herzfrequenz stets höher sein, als die Atemfrequenz. Liegt die Atemfrequenz jedoch auch eine halbe Stunde nach der Belastung noch bei über 40 Zügen pro Minute, ist das Tier überanstrengt!

Schwitzen sagt im Übrigen nicht viel über das Training aus. Diese Körperreaktion ist lediglich ein Schutz vor Überhitzung und fällt intensiver aus, wenn das Pferd beispielsweise im Fellwechsel ist oder einen dichten Winterplüsch hat. Dann ist auch das sogenannte Nachschwitzen – wenn sich das Pferd wieder in Ruhe befindet – nicht ungewöhnlich. Sehr starkes Schwitzen kann jedoch auch ein Warnhinweis sein. So ringen manche Pferde aufgrund beginnender oder chronischer Atemwegsbeschwerden bei körperlicher Anstrengung so sehr nach Luft, dass sie schon bei geringer Beanspruchung heftig schwitzen. Auch ein Herzfehler kann hinter so einer Überreaktion stecken.
Einen wichtigen Hinweis liefert auch das Schweißbild. Da Pferde dort am meisten schwitzen, wo die Muskeln stärker arbeiten, wünschen sich Ausbilder eine möglichst gleichmäßige Verteilung des Schweißes. Ist es nur im vorderen Bereich nassgeschwitzt, wurde die Hinterhand zu wenig aktiviert.

Manche Pferde – und bei weitem nicht nur solche, die im Spitzensport gehen – befinden sich, ob dauernder Überforderung in einem

Die reine Muskelmasse eines Pferdes sagt nichts über dessen Leistungsfähigkeit aus, sondern ist auch rassebedingt unterschiedlich ausgeprägt. Quarterhorse Reedy Mistake

besonders traurigem Zustand der Überforderung: Dem Begriff der »erlernten Hilflosigkeit« wird in der Fachpresse glücklicherweise immer häufiger Beachtung geschenkt. Wenn ein Pferd immer wieder die Erfahrung machen muss, dass jede seiner Reaktionen – ob es sich nun auflehnt, einer harten oder unruhigen Reiterhand nachgibt, ein hohes Hindernis überwindet, den Rücken unter einem hopsenden Reiter wegdrückt oder dem Sporn durch Ausschlagen versucht, Paroli zu bieten – auf erfahrenes Leid wirkungslos bleibt, dann leidet seine Persönlichkeit darunter. Da keine seiner Handlungen und Reaktionen dazu beiträgt, seine Lage zu verbessern, resigniert es. Pferde, die so geritten werden, erscheinen irgendwann kooperativ. Frust wird oft

als Respektlosigkeit, erlernte Hilflosigkeit als Gehorsam fehlinterpretiert! In Wirklichkeit aber sind diese Pferde im wahrsten Sinne gebrochene Geschöpfe. Sie sind teilnahmslos und verängstigt, sie haben aufgegeben.
Wie Sie Ihrem Pferd eine solche Erfahrung ersparen können, sollte nach der Lektüre dieses Buches klar ersichtlich sein. Hinterfragen Sie Ihr Handeln und Ihre Fähigkeiten immer wieder zum Wohle Ihres vierbeinigen Partners, und holen Sie sich immer dann Rat bei einem einfühlsamen, versierten Reiter, wenn Sie merken, dass Sie an Ihre mentalen oder physischen Grenzen stoßen! Seien Sie diesbezüglich absolut ehrlich zu sich selbst – das gebietet die Verantwortung für das uns schutzbefohlene Pferd.

Kurz gefasst: Wann ist mein Pferd über- oder unterfordert?

1. Viele Pferde sind unmotiviert, weil sie unterfordert sind. Langeweile und Monotonie ohne kognitive Herausforderungen verursachen Faulheit, Widerspenstigkeit, Aggressivität und im schlimmsten Fall Verhaltensstörungen. Sorgen Sie für Abwechslung, und scheuen Sie sich nicht, Ihr Pferd zu fordern!

So ein dicker Plüsch schützt vor kalten Temperaturen, wird aber bei der Arbeit rasch zu warm.

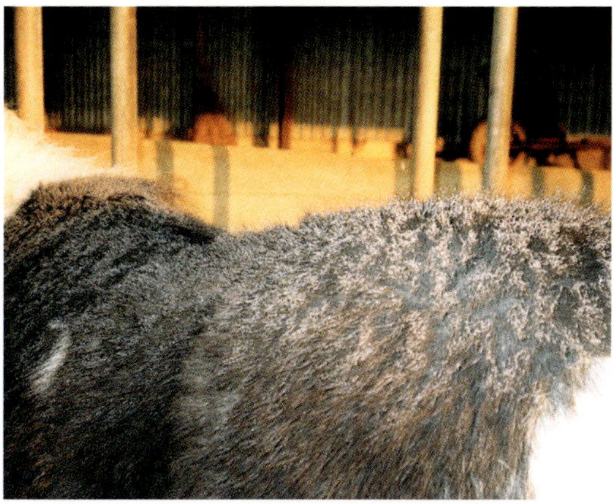

Ein zufriedenes Pferd, ist ein motiviertes Pferd.

2. Jedes Training muss auf die Rahmenbedingungen abgestimmt sein: Ist Ihr Pferd körperlich gesund und in der Lage, die von Ihnen gewünschte Leistung zu erbringen? Investieren Sie genug Zeit in die Vorbereitung größerer Anstrengungen? Achten Sie darauf, wie lange sich Ihr Pferd höchstens konzentrieren kann?

3. Zu hohe Anforderungen können die gleichen Auswirkungen haben wie zu geringe. Pferde, die keine Erfolgserlebnisse erfahren und dauerhaft zu hohem Stress ausgesetzt sind, reagieren darauf mit Aggressivität, Resignation oder Verhaltensauffälligkeiten. Bleiben Sie achtsam Ihren eigenen Wünschen und den Bedürfnissen Ihres Pferdes gegenüber!

Antonia Schwarzkopf

hat langjährige Erfahrungen in der Ausbildung von Pferden und insbesondere Ponys, denen sie sich als anspruchsvolle Freizeitreiterin besonders verbunden fühlt. Von Beginn ihrer reiterlichen Entwicklung an wurde sie vom »Pony-Spirit« erfasst und ihre Begeisterung in der Zusammenarbeit mit ganz verschiedenen Ponycharakteren geschürt. Sie hat eine westernreiterliche Ausbildung und Artikelveröffentlichungen in verschiedenen Fachzeitschriften. Als Gymnasiallehrerin und Besitzerin mehrerer Pferde besteht ein enger Kontakt zu Kindern und Jugendlichen. Daher rührt ihr engagiertes Verständnis für die Bedürfnisse von jungen Reitern und Pferdefreunden.

Die Reitschule

Die erfolgreiche **Ratgeberreihe** für alle Reiter und Pferdefans

Britta Schön
Hufschlagfiguren und Lektionen E bis A
ISBN 978-3-275-01728-7

Monika Hannawacker
Zirkus-Lektionen
ISBN 978-3-275-01831-4

Antonia Schwarzkopf
Arbeiten mit Ponys
ISBN 978-3-275-02051-5

Inga Wolframm
Springen für Einsteiger
ISBN 978-3-275-01776-8

S. Wppelmann/S. Mensmann
Longieren
ISBN 978-3-275-01727-0

Jedes Buch mit 96 Seiten
ca. 80 Abb., broschiert
je € 9,95 | CHF 18,90 | €(A) 10,30

Stand August 2015
Änderungen in Preis und Lieferfähigkeit vorbehalten.

Überall, wo es Bücher gibt oder
www.mueller-rueschlikon.de
Service-Hotline: 0711-78 992 151

Müller Rüschlikon

Unsere Erfolgsreihen
auf einen Blick ...

DIE REITSCHULE (AUSWAHL)

Urte Biallas, **Bodenarbeitskurs**, ISBN 978-3-275-02053-9
Kerstin Diacont, **Dressur für Fortgeschrittene**, ISBN 978-3-275-01749-2
Marlit Hoffmann, **Reiterrallyes – Reiterspiele**, ISBN 978-3-275-01850-5
Petra Dürr/Carola Steen, **Kaltblutpferde reiten**, ISBN 978-3-275-01939-7
Hannelore Leiser, **Voltigieren für Einsteiger**, ISBN 978-3-275-01856-7
Angelika Schmelzer, **Pferde erziehen**, ISBN 978-3-275-01709-6
Angelika Schmelzer, **Reiten im Gelände**, ISBN 978-3-275-01748-5
Sabine Schweickert, **Fahren für Einsteiger**, ISBN 978-3-275-01803-1
Viviane Theby, **So lernen Pferde**, ISBN 978-3-275-01804-8
Jutta Plötz, **Islandpferde**, ISBN 978-3-275-02052-2
Karen Uecker, **Der Reitbegleithund**, ISBN 978-3-275-01969-4
Sigrid Weppelmann, **Basispass Pferdekunde**, ISBN 978-3-275-01750-8

DIE HUNDESCHULE (AUSWAHL)

Annegret Bangert, **Begleithundprüfung**, ISBN 978-3-275-01779-9
Ann-Sophie Griebel, **Clicker-Training**, ISBN 978-3-275-01714-0
Micaela Köppel, **Spiel und Spaß für jeden Tag**, ISBN 978-3-275-01732-4
Petra Krivy/Angelika Lanzerath, **Darf der das?**, ISBN 978-3-275-01835-2
Petra Krivy/Angelika Lanzerath, **Einer geht noch ...**, ISBN 978-3-275-01863-5
Petra Krivy/Angelika Lanzerath, **Was ein Welpe lernen muss**, ISBN 978-3-275-01689-1
Petra Krivy/Angelika Lanzerath, **Hunde verstehen**, ISBN 978-3-275-01756-0
Petra Krivy/Angelika Lanzerath, **Gut erzogen von Anfang an**, ISBN 978-3-275-01731-7
Petra Krivy/Angelika Lanzerath, **Mein Hund im Flegelalter**, ISBN 978-3-275-01810-9
Uta Reichenbach/Gabriele Lehari, **Sinnvolle Beschäftigung**, ISBN 978-3-275-01929-8
Monika Schaal/Ursula Breuer, **Gastfreundlich**, ISBN 978-3-275-01862-8
Andrea Schmidt/Gunter Mattes, **Flyball**, ISBN 978-3-275-01912-0
Beate Schwarz, **Dummy-Training,** ISBN 978-3-275-01690-7
Manuela van Schewick, **Apportieren mit Spaß,** ISBN 978-3-275-01754-6
Manuela van Schewick, **Kind trifft Hund,** ISBN 978-3-275-01979-3

HAPPY CATS (AUSWAHL)

Sylvia Born, **Katzenkinderstube**, ISBN 978-3-275-01864-2
Nina Ernst, **Zufriedene Stubentiger**, ISBN 978-3-275-01760-7
Gabriele Müller, **Miau – Katzensprache richtig deuten**, ISBN 978-3-275-01782-9
Gabriele Müller, **Katzenspiele**, ISBN 978-3-275-01811-6
Annette Thomée, **Gesunde Katze**, ISBN 978-3-275-01839-0

Jedes Buch mit 96 Seiten
ca. 80 Abb., broschiert
je € 9,95 | CHF 18,90 | €(A) 10,30

Müller Rüschlikon